U0350058

国家级实验教学示范中心系列规划教材
普通高等院校机械类"十一五"规划实验教材

编 委 会

<u>丛书主编</u>　吴昌林　华中科技大学

<u>丛书编委</u>（按姓氏拼音顺序排列）

邓宗全　哈尔滨工业大学

葛培琪　山东大学

何玉林　重庆大学

黄　平　华南理工大学

孔建益　武汉科技大学

蒙艳玫　广西大学

芮执元　兰州理工大学

孙根正　西北工业大学

谭庆昌　吉林大学

唐任仲　浙江大学

王连弟　华中科技大学出版社

吴鹿鸣　西南交通大学

杨玉虎　天津大学

赵永生　燕山大学

朱如鹏　南京航空航天大学

竺志超　浙江理工大学

国家级实验教学示范中心系列规划教材

普通高等院校机械类"十一五"规划实验教材

机械综合实验与创新设计

JIXIE ZONGHE SHIYAN YU CHUANGXIN SHEJI

主　编　葛培琪　毕文波　朱振杰

华中科技大学出版社

http://www.hustp.com

中国·武汉

内 容 简 介

全书有 14 章共 13 个综合实验,包括:绪论,螺栓组连接综合实验,机械系统分析及创新设计实验,液体动压润滑径向滑动轴承综合实验,机械传动系统创意组合搭接综合实验,自动化机械装配综合实验,润滑油黏度测定综合实验,机构运动参数测试综合实验,机构组合创新设计实验,滚动轴承承载状态测试分析综合实验,单质量盘转子扭转振动实验,多功能柔性转子临界转速测量实验,工业生产线 PLC 控制综合实验,机器运转速度周期性波动调节实验。

为便于使用,本书在每个综合实验中增加了项目研究提示,用于引导学生团队进行创新性思考和实验项目设计,并在附录中附有每个综合实验的实验报告。

本书可作为高等学校机械工程专业"机械综合和创新实验"课程的教材,也可供相关技术人员参考。

图书在版编目(CIP)数据

机械综合实验与创新设计/葛培琪,毕文波,朱振杰主编. —武汉:华中科技大学出版社,2015.10
(2021.1重印)
国家级实验教学示范中心系列规划教材
普通高等院校机械类"十一五"规划实验教材
ISBN 978-7-5680-1334-5

Ⅰ.①机… Ⅱ.①葛… Ⅲ.①机械设计-实验-教材 Ⅳ.①TH122-33

中国版本图书馆 CIP 数据核字(2015)第 263333 号

机械综合实验与创新设计
Jixie Zonghe Shiyan yu Chuangxin Sheji

葛培琪 毕文波 朱振杰 主编

策划编辑:万亚军
责任编辑:吴 晗
封面设计:原色设计
责任校对:何 欢
责任监印:张正林
出版发行:华中科技大学出版社(中国·武汉)   电话:(027)81321913
         武汉市东湖新技术开发区华工科技园   邮编:430223
录   排:武汉市洪山区佳年华文印部
印   刷:广东虎彩云印刷有限公司
开   本:787mm×1092mm 1/16
印   张:10.5
字   数:208 千字
版   次:2021 年 1 月第 1 版第 2 次印刷
定   价:25.00 元

序

　　知识来源于实践,能力来自于实践,素质更需要在实践中养成,各种实践教学环节对于培养学生的实践能力和创新能力尤其重要。一个不争的事实是,在高校人才培养工作中,当前的实践教学环节非常薄弱,严重制约了教学质量的进一步提高。这引起了教育工作者、企业界人士乃至普通百姓的广泛关注。如何积极改革实践教学内容和方法,制订合理的实践教学方案,建立和完善实践教学体系,成为高等工程教育乃至全社会的一个重要课题。

　　有鉴于此,"教育振兴行动计划"和"质量工程"都将国家级实验教学示范中心建设作为其重要内容之一。自 2005 年起,教育部启动国家级实验教学示范中心评选工作,拟通过示范中心实验教学的改进,辐射我国 2000 多万在校大学生,带动学生动手实践能力的提高。至今已建成 219 个国家级实验教学示范中心,涵盖 16 个学科,成果显著。机械学科至今也已建成 14 个国家级实验教学示范中心。应该说,机械类国家级实验教学示范中心建设是颇具成果的:各中心积极进行自身建设,软、硬件水平都达到了国内机械实验教学的最高水平;积极带动所在省或区域各级机械实验教学中心建设,发挥辐射作用;成立国家级实验教学示范中心联席会机械学科组,利用这一平台,中心间交流与合作更加频繁,力争在示范辐射作用方面形成合力。

　　尽管如此,应该看到,作为实践教学的一个重要组成部分,实验教学环节依然还很薄弱,在政策、环境、人员、设备等方方面面还面临着许多困难,提高实验教学水平进而改变目前实践教学环节薄弱的现状,还有很多工作要做,国家级实验教学示范中心责无旁贷。近年来,高校实验教学的硬件设备都有较大的改善。与之相对应的是,实验教学在软的方面还亟待提高。就机械类实验教学而言,改进实验教学体系、开发创新性实验教学项目、加大实验教材建设这三点就成为当务之急。实验教学体系与理论教学体系相辅相成，但与理论教学体系随着形势发展不断调整相比，现有机械实验教学体系还相对滞后，实验项目还缺少设计性、创新性和综合性实验，实验教材也比较匮乏。

华中科技大学出版社在国家级实验教学示范中心联席会机械学科组的指导下，邀请机械类国家级实验教学示范中心，交流各中心实验教学改革经验和教材建设计划，确定编写这套《普通高等院校机械类"十一五"规划实验教材》，是一件非常有意义的事情，顺应了机械类实验教学形势的发展，可谓正当其时。因为经过多年的积累，各机械类国家级实验教学示范中心已开发出不少创新性实验教学项目，将其写入教材，既可满足本校实验教学的需要，又可展示各中心创新性实验教学项目开发成果，同时还能为我国机械类实验教学开发提供借鉴和参考，体现示范中心的辐射作用。

国内目前机械类实验教学体系尚未形成统一的模式，基于这种情况，"普通高等院校机械类'十一五'规划实验教材"编委会提出以下出版思路：各国家级实验教学示范中心依据自身的实验教学体系，编写本中心的实验系列教材，构成一个子系列，各子系列教材再汇聚成《普通高等院校机械类"十一五"规划实验教材》丛书，百花齐放，全面、集中地反映各机械类国家级实验教学示范中心的实验教学体系。此举对于国内机械类实验教学体系的形成，无疑将是非常有益的探索。

感谢参与和支持这批实验教材建设的专家们，也感谢出版这批实验教材的华中科技大学出版社的有关同志。我深信，这批实验教材必将在我国机械类实验教学发展中发挥巨大的作用，并占据其应有的地位。

国家级实验教学示范中心联席会机械学科组组长
《普通高等院校机械类"十一五"规划实验教材》丛书主编

2008 年 9 月

前　言

实践出真知，创新无止境。为了适应高等学校机械工程类专业人才实践能力培养需求，山东大学机械基础实验教学示范中心开设了"机械综合实验与创新设计"课程。在教学中，该课程既强调理论研究，又突出工程应用。同时，该课程以机械综合实验为载体，基于学生团队和综合实验项目对大学生进行科研训练和创新能力培养，充分发挥国家级实验教学示范中心的设备优势，盘活设备资源。参与该课程学习的大学生应以团队为单位进行学习，既要加强团队协作，又需要发挥个体的主动性和创新意识。在学习中，不仅需要综合运用前期课程的基础知识，还需要自学必要的新知识。通过该课程的学习，学生可以增强自身的科研能力和专业素养，并培养主动学习能力、书面表达和口头表达能力、分析问题和解决问题的能力，从而成为具有团队协作能力和更强竞争力的创新型人才。

为了适应高等学校机械工程类创新型专业人才培养需求，编者根据山东大学机械基础实验教学示范中心的设备条件，编写了《机械综合实验与创新设计》一书。全书分为14章共13个综合实验，内容包括：绪论，螺栓组连接综合实验，机械系统分析及创新设计实验，液体动压润滑径向滑动轴承综合实验，机械传动系统创意组合搭接综合实验，自动化机械装配综合实验，润滑油黏度测定综合实验，机构运动参数测试综合实验，机构组合创新设计实验，滚动轴承承载状态测试分析综合实验，单质量盘转子扭转振动实验，多功能柔性转子临界转速测量实验，工业生产线PLC控制综合实验，机器运转速度周期性波动调节实验。为便于使用，本书在每个综合实验中增加了项目研究提示，用于引导学生团队进行创新性思考和实验项目设计，并在附录中附有每个综合实验的实验报告。

本书可作为高等学校机械工程专业"机械综合和创新实验"课程的教材，也可供相关技术人员参考。

本书由葛培琪、毕文波、朱振杰主编，具体编写分工为：葛培琪编写第1、2、3、4、5、7、9章，毕文波编写第6、8、10、13、14章，朱振杰编写第11、12章。全书由葛培琪统稿。

由于编者水平有限，书中错误和不妥之处在所难免，殷切希望广大读者提出宝贵的意见和建议。

编　者
2015 年 8 月

目　　录

第 1 章　绪论 ·· (1)

1.1　课程性质与目的 ·· (1)

1.2　课程的实施方案 ·· (2)

1.3　机械综合实验团队项目设计 ·· (5)

1.4　开题报告 ·· (6)

1.5　研究进展报告 ··· (8)

1.6　技术总结报告 ··· (8)

第 2 章　螺栓组连接综合实验 ·· (10)

2.1　概述 ·· (10)

2.2　实验目的 ·· (12)

2.3　实验设备 ·· (12)

2.4　实验台结构和工作原理 ·· (12)

2.5　操作步骤 ·· (15)

2.6　项目研究提示 ··· (17)

第 3 章　机械系统分析及创新设计实验 ··· (18)

3.1　概述 ·· (18)

3.2　实验目的 ·· (19)

3.3　实验内容 ·· (19)

3.4　实验设备和用具 ··· (32)

3.5　实验步骤 ·· (32)

3.6　操作方法 ·· (32)

3.7　注意事项 ·· (33)

3.8　项目研究提示 ··· (33)

第 4 章　液体动压润滑径向滑动轴承综合实验 ··· (34)

4.1　概述 ·· (34)

4.2　实验目的 ·· (35)

4.3　实验台的结构与工作原理 ·· (35)

4.4　实验方法及操作步骤 ·· (38)

4.5　项目研究提示 ··· (40)

第 5 章　机械传动系统创意组合搭接综合实验 ··· (41)

5.1　概述 ·· (41)

5.2　实验目的 ·· (43)

5.3　实验的仪器与设备 ·· (43)

5.4 基本技能与常识 ··· (44)

5.5 V 带传动装置、链传动装置、带式制动器及键连接的装配和校准 ······ (45)

5.6 齿轮、轴承及联轴器的装配及校准 ·· (48)

5.7 注意事项 ··· (51)

5.8 项目研究提示 ··· (51)

第 6 章 自动化机械装配综合实验 ··· (52)

6.1 概述 ·· (52)

6.2 实验目的 ··· (53)

6.3 实验内容 ··· (54)

6.4 实验设备及工具 ·· (54)

6.5 实验设备的工作原理和结构 ·· (54)

6.6 实验步骤 ··· (57)

6.7 项目研究提示 ··· (59)

第 7 章 润滑油黏度测定综合实验 ··· (60)

7.1 概述 ·· (60)

7.2 实验目的 ··· (63)

7.3 实验内容 ··· (63)

7.4 实验仪器及材料 ·· (63)

7.5 恩氏黏度计结构和工作原理 ·· (63)

7.6 实验步骤 ··· (65)

7.7 项目研究提示 ··· (66)

第 8 章 机构运动参数测试综合实验 ·· (67)

8.1 概述 ·· (67)

8.2 实验目的 ··· (67)

8.3 实验设备 ··· (67)

8.4 实验台结构和工作原理 ·· (68)

8.5 操作步骤 ··· (71)

8.6 项目研究提示 ··· (72)

第 9 章 机构组合创新设计实验 ·· (73)

9.1 概述 ·· (73)

9.2 实验目的 ··· (73)

9.3 实验设备 ··· (74)

9.4 实验台结构和工作原理 ·· (77)

9.5 操作步骤 ··· (87)

9.6 项目研究提示 ··· (87)

第 10 章 滚动轴承承载状态测试分析综合实验 ······························· (90)

10.1 概述 ··· (90)

10.2 实验目的 ·· (91)

　　10.3　实验设备简介 ……………………………………………………………… (91)

　　10.4　实验步骤 …………………………………………………………………… (93)

　　10.5　项目研究提示 ……………………………………………………………… (96)

第 11 章　单质量盘转子扭转振动实验…………………………………………… (98)

　　11.1　概述 ………………………………………………………………………… (98)

　　11.2　实验目的 …………………………………………………………………… (100)

　　11.3　实验原理 …………………………………………………………………… (100)

　　11.4　实验仪器及扭转系统组成 ………………………………………………… (100)

　　11.5　实验步骤 …………………………………………………………………… (102)

　　11.6　项目研究提示 ……………………………………………………………… (104)

第 12 章　多功能柔性转子临界转速测量实验 ………………………………… (105)

　　12.1　概述 ………………………………………………………………………… (105)

　　12.2　实验目的 …………………………………………………………………… (105)

　　12.3　实验仪器及转子系统组成 ………………………………………………… (106)

　　12.4　实验原理 …………………………………………………………………… (108)

　　12.5　实验步骤 …………………………………………………………………… (108)

　　12.6　仪器使用的注意事项 ……………………………………………………… (110)

　　12.7　项目研究提示 ……………………………………………………………… (112)

第 13 章　工业生产线 PLC 控制综合实验 …………………………………… (113)

　　13.1　实验目的 …………………………………………………………………… (113)

　　13.2　实验内容 …………………………………………………………………… (113)

　　13.3　实验设备 …………………………………………………………………… (113)

　　13.4　实验设备工作原理 ………………………………………………………… (114)

　　13.5　实验步骤 …………………………………………………………………… (120)

　　13.6　项目研究提示 ……………………………………………………………… (121)

第 14 章　机器运转速度周期性波动调节实验 ………………………………… (122)

　　14.1　概述 ………………………………………………………………………… (122)

　　14.2　实验目的 …………………………………………………………………… (122)

　　14.3　实验设备 …………………………………………………………………… (123)

　　14.4　实验台工作原理 …………………………………………………………… (123)

　　14.5　实验步骤 …………………………………………………………………… (125)

　　14.6　项目研究提示 ……………………………………………………………… (126)

附录　实验报告…………………………………………………………………… (127)

　　实验报告 1　受翻转力矩作用的螺栓组连接实验报告 ……………………… (127)

　　实验报告 2　机械系统分析及创新设计实验报告 …………………………… (130)

　　实验报告 3　液体动力润滑径向滑动轴承油膜压力测定实验报告 ………… (132)

　　实验报告 4　机械系统创意组合搭接综合实验报告 ………………………… (135)

　　实验报告 5　机械传动及其系统认知实验报告 ……………………………… (137)

实验报告6 恩氏黏度计测定润滑油黏度实验报告 ………………………………… (140)

实验报告7 机构运动参数测试实验报告 ………………………………… (142)

实验报告8 机构组合创新设计实验报告 ………………………………… (144)

实验报告9 滚动轴承承载状态测试分析实验报告 ………………………………… (146)

实验报告10 单质量盘转子扭转振动实验报告 ………………………………… (148)

实验报告11 多功能柔性转子临界转速测量实验报告 ………………………………… (150)

实验报告12 工业生产线PLC控制综合实验报告 ………………………………… (152)

实验报告13 机器运转速度周期性波动调节实验报告 ………………………………… (154)

参考文献 ………………………………………………………………………… (156)

第1章

绪　论

1.1　课程性质与目的

自"为什么我们的学校总是培养不出杰出人才"这一问题提出以来,对大学生研究及创新能力的培养就成了高等教育关注的热点,研究型、教学研究型大学正致力于从应试型、知识型、技能型人才培养模式向综合创新型人才培养模式转变。清华大学最先借鉴美国麻省理工学院等大学经验,于1996年开始实施大学生科研训练(SRT)计划,各高校基于"教学与研究相统一"的研究型教学原则,开展了大学生科技创新活动、Seminar研讨、Team Project等大学生科研能力培养模式的探索。但是,上述大学生研究创新能力的培养主要是通过第二课堂来实现的,游离于教学体制之外,参与创新活动的人数较少,学生受益面有限。结合机械工程实际,通过对教学过程的系统改革,建立以工程项目研究为中心的教学模式,有助于大学生科研素质的训练和创新能力的培养。

本课程是研究性、实践性课程,以机械综合实验为载体,基于团队和项目对大学生进行科研创新能力培养和模拟训练。本课程借鉴国际上机械工程人才培养的Team Project综合实践教学模式,依托山东大学国家级机械基础实验教学示范中心,对机械工程课堂教学、实验教学、考评方式等进行系统的改革,突出个性化和创新精神,以培养具有组织能力、团队协作与协调能力、决策判断与创新能力和发现问题、分析问题、解决问题能力的优秀大学生为目标,实施教学体制内的大学生科研创新能力培养。通过综合实验项目,让大学生经历承担机械工程设计及研究项目所必需的立项申请、科学研究、总结答辩等全过程并得到系统训练,通过支持大学生进行自主综合实验和创新设计,培养学生创新能力和科研素养。

在实际工作中,承担机械设计及研究项目离不开团队协作,如何使团队高效运行?团队成员间的关系如何协调?面对工程需求,怎样确定一个创新性命题?

如何撰写项目的可行性报告？如何实施项目计划？在项目完成后,怎样撰写技术总结报告？怎样进行技术答辩？如何确定团队成员间的成绩？上述问题是实际工作中所必须面对的,本课程提供一些最基本的解决方案。

本课程在教学过程中,特别注重培养大学生的以下能力:主动学习与探究能力;研究、创新能力;团队协作与协调能力;发现问题、分析问题和解决问题的能力;现代技术、技能和工具(软件、硬件)应用能力;语言表达能力;工程意识和理论联系实际的能力;专业素质和责任感。注重培养具有组织能力、团队协作与协调能力、决策判断与创新能力和优秀人格魅力的复合型人才。

1.2　课程的实施方案

1.2.1　团队教学培养模式

为了培养学生的团队协作能力,使其更好地适应未来的实际工作环境,本课程采用团队教学培养模式。团队教学是将学生按一定原则划分成团队,该团队在本课程的实施过程中是相对稳定的,并按相关原则动态管理。在项目实施过程中,是学生团队而不是单一学生在完成项目研究,教师以学生团队而不是以单一学生为考核对象。

1. 教学组织

本课程的教学组织形式以综合实验项目为载体,以学生团队为单位进行管理和考核,形成以学生为中心、以学生自主学习训练为主、教师启发和指导为辅的团队教学模式。

学生团队类似于工程实际中的项目团队和高校教师中的创新群体,其构建不依学生个体意愿而产生,而是由教师按学生前期相关课程的学习成绩确定。团队成员之间能力应有差异,通过共同完成项目任务,在实践中教学相长,互相学习和帮助,形成团结协作的一个团队,并在完成项目任务的过程中体会互相合作带来的益处。由教师指定团队是为了模拟企业实际。通常,大学生毕业后到企业或公司工作时,他们没有选择所要加入团队的权利,一般是由主管人员指定他们到需要的工作团队,而他们的工作业绩取决于他们能否与团队成员团结协作,发挥各自的特长,共同完成工作任务。为便于教学,本课程学生团队一般由3～4人组成,并制定完善的动态管理制度。

基于教学和人才培养的需求,学生团队构建时应体现以下原则:前期课程的成绩有差异；便于课余时间组织团队讨论；避免孤立个别同学。在项目实施过程中可能出现很多意想不到的困难。如果仅 2 人组成一个团队，成员没有足够的创新思想、技能及解决问题的思路，而且对某个问题有分歧时难以取舍，无法形成大多数的主导意见，往往是团队成员中处于主导地位人员的意见成为最终结论。如果团队成员超过 5 人，需要承担工作量较大的项目，在短期内难以完成。在团队构建时尽量模拟工程实际，但应以教学为目的。为了避免个别同学体无法在团队中发挥作用，甚至可能被孤立，学生团队构建时尽量按照全部男生、全部女生、男女各半、女生占多数的原则组建，尽量避免一个女生其余全是男生的组团方式。

完善的团队运行机制是学生团队有效运行的保证。团队不同于小组，对一个小组来说，整体等于或小于各个个体之和。对团队来说，整体总是大于个体之和。要把小组转变成有效的团队，首先要明确团队工作方针和形成共同的预期目标。为此，需先签订团队政策声明和团队预期目标协议。团队政策声明用于指导学生团队有效运作、规定成员的角色和责任、明确完成和提交作业的程序、处理不合作成员的策略。签订团队预期目标协议有两个目的：一是使团队全体成员确定可实现的共同预期目标；二是作为团队的规章，避免成员相互抱怨。

团队政策声明中的内容以及成员角色可根据项目的不同而变化，在项目实施过程中团队成员的角色可以轮换。

2. 常见问题及处理办法

团队协作能力不是生来就有的，日常工作中会出现以下一些常见问题。① 团队中有成员不顾自己的角色分工，只做自己想做的工作。团队成员应认真对待自己的角色，这样大家的工作才会顺利完成。而且不同角色的职能在实际工作中都是有用的，掌握这些技能，需要通过担当相应的角色，体会相应的经历。② 把团队项目分解，各自独立完成后再汇总在一起，形成完整的作业。在团队提交任何作业的时候，必须保证每个人都掌握了全部内容。在随后的考查和答辩中，任何成员不仅要清楚自己分担的工作，还需掌握设计项目的全部。③ 团队所有成员一起解决项目中的所有问题。这种现象可能导致所有问题都由个别成员解决，大多数成员没有发表意见的机会，失去团队教学的意义。正确的做法应当是针对项目中问题，每个人独立准备方案，然后在一起详细讨论并得出最终结论。④ 团队成员中目标差异较大，有人想得优秀，而有人却认为及格已经足够了。关于这一点，在团队工作之初的预期目标中，必须有明确的说明。

3. 团队的动态管理

为形成有效的工作团队，对团队成员试行解雇和团队成员可以辞职的动态管理。如果某成员很少参加团队工作，对团队工作极不负责，就不应当在上交的最后作业中署名。为避免个别团队成员不劳而获的行为，应授权团队有权解雇不积极参加团队工作成员,也允许个别团队成员从团队中辞职并转投其他团队。关于解雇与辞职,首先是全体团队成员集体约见指导教师,讨论已出现的问题和可能的后果,阐明利害。如还不能解决问题,对解雇或辞职的队员,经过指导教师组认真讨论,实施解雇和辞职。对于辞职及被解雇的团队成员,要自己找到可以作为第四人加入的由三人组成的团队,如不能找到接收的团队,该成员的项目设计成绩为零分。

1.2.2　主要教学环节

"机械综合实验与创新设计"课程分课堂教学和综合实验两部分。学生可以通过示范中心的智能管理系统预约实验。对于课堂教学课程,教师要详细介绍课程的实施方案,布置可供学生团队选择的综合实验项目,讲解团队政策和团队预期目标协议、开题报告、进展报告、工作日志、技术总结报告的撰写和要求。通过项目的确定和实施,实践科研工作的全过程。学生团队应按照课程要求,分三个阶段完成以下工作。

第一阶段:撰写开题报告。围绕选定的综合实验项目,通过资料搜集、阅读和调研,撰写开题报告,指导教师对各团队进行具体的质询和指导。开题报告的主要内容应包括:立论依据、主要工作内容、研究方案、技术路线、主要特色及创新点、计划进度等。指导教师对团队提交的开题报告进行评阅,判断项目的可行性,指出不足之处,写成具体的评阅意见,学生团队根据指导教师的评阅意见对开题报告进行修改、补充和完善。

第二阶段:项目实施。学生团队按照开题报告提出的内容和工作计划,完成项目的工作内容。在项目实施过程中需关注以下工作:① 按照所确定综合实验项目的需要,进行预约实验;② 期中撰写项目的中期进展报告,分层次、列标题表述所开展的工作、取得的进展或遇到的问题,给出必要的数据图表,对照开题报告的工作计划和内容,阐明对内容和计划要点的修改情况;③ 在项目执行过程中,撰写详细的工作日志。工作日志应包括学生团队组织项目讨论会的时间、地点、参加人员、研讨议题、意见分歧和最终形成的决议。通过工作日志一方面对工作进展及时进行总结,并记录利用所学知识来解决项目中遇到的问题,这有助于学生将理论与实践结合,培养严谨的工作态度,进而培养一种专业素养应用于将来的工作中。工作日志应撰写规范,随时备查,并作为成绩考核依据之一。

第三阶段:总结与答辩。在综合实验项目实施完成后,要根据所完成的工作撰写技术总结报告。技术总结报告要求写作规范、层次分明、条目清晰、内容准确、逻辑性强、数据可信,主要结果要能够解释合理。技术总结报告的主要内容包括背景意义、综合实验工作的具体内容及结论、市场前景、社会经济效益、推广应用策略、参考文献、工作体会、意见建议等。

答辩要求制作 PPT,答辩时要求语言流畅、逻辑性强,团队中全体成员集体参加,分阶段轮流讲解。

1.2.3　考核方式

本课程主要以学生团队的平时工作为考核依据,指导教师按照学生团队综合实验项目完成情况,以团队为单位确定成绩,团队项目的成绩由五部分组成:开题报告(10%),期中检查报告(10%),工作日志(10%),技术总结报告(40%),答辩(30%)。

团队项目成绩确定以后,通过团队成员间的相互评议,决定团队每个成员的具体成绩。团队成员间的相互评议,是改善团队工作、提高学生团队协作能力、调整团队内成员成绩差异的有效措施。为培养学生的科研素养和团队协作能力,团队成员间的相互评议应包含两个方面:一是相互评价团队成员对最终项目设计结果的贡献;二是评价团队成员在团队项目设计工作中团结协作、互相帮助、承担团队责任与义务方面的情况。为培养学生的团队协作能力,应以后者为主。不论对最终结果的贡献大小,如果该团队成员能够对团队工作认真负责、积极参与、团结互助,就应该得到与团队整体成绩相对应的个人成绩。团队成员相互评议后,根据评议结果,计算团队成员成绩调整系数,调整团队成员间的成绩差异,具体方法可参照表 1-1。根据成绩考核规定,团队成员个体的成绩最高为满分。

表 1-1　团队成员成绩调整示例　　　　　　　　单位:分

团队总成绩		80(由指导教师组确定)							
个人成绩	姓名	张评价	王评价	李评价	赵评价	个人平均	团队平均	调整系数	个人最终成绩
	张××	87.5	87.5	75	87.5	84.4	82.0	1.03	82
	王××	87.5	100	87.5	87.5	90.6	82.0	1.10	88
	李××	62.5	75	50	75	65.6	82.0	0.80	64
	赵××	87.5	87.5	87.5	87.5	87.5	82.0	1.07	86

1.3　机械综合实验团队项目设计

为达到研究创新能力培养的目的,本课程以国家级机械基础实验教学示范中心为依托,提出了系列的机械综合实验项目供学生团队选择。各章为具体实验项目介绍,特别应注意理解"项目研究提示"部分的内容。由于教学对象是大学三年级的学生,而且必须在一个学期内完成全部工作,综合实验项目以机械基础类为主,并在项目设计时充分考虑项目难度和工作量的大小。

1.3.1 研究性综合实验项目

该类项目要求学生团队根据项目要求进行建模、理论计算和仿真分析,并通过综合实验结果,验证仿真分析结果和修改完善理论模型,全面培养学生的课题研究和创新能力。在实验教学示范中心的综合实验项目中,类似的研究性实验项目,如滑动轴承综合实验、螺栓组连接实验、滚动轴承受载测量实验、润滑油黏度及黏-温特性实验、机构运动参数测量实验等。

1.3.2 创新设计类综合实验

该类项目结合工程实际,实现对已有机器设备的消化吸收及创新设计。学生团队需根据实验教学示范中心来自于工程实际的机器设备,在对机器设备的认识、测绘、设计计算和仿真分析的基础上,完成整机的创新设计并绘制图样,实现原有机器设备的功能。类似的实验项目,如提斗上料机设计、间歇送料及冲压机设计、曲柄压力机及送料装置设计、步进输送机设计、转位及输送装置设计、机构组合创新设计、机构机器人创新设计、光机电气液压一体化全自动装配生产线功能模块设计等。

1.3.3 机械系统设计及装配调整综合实验

学生团队根据机械基础实验教学示范中心提供的设备条件,进行机械系统设计,提出机械系统的具体技术要求,并自主搭建机械系统。按照设计的技术要求,完成机械系统搭建过程中的装配、调试和检测,并对所搭建的机械系统进行性能实验。类似的实验项目,如受翻转力矩螺栓组连接螺栓受力分布测量实验台搭建、机械传动系统创意组合搭建实验等。

▎1.4 开题报告▎

学生团队经过认真讨论,确定了综合实验项目以后,需围绕选定的综合实验项目开展调研和资料搜集及阅读工作,在此基础上撰写开题报告,论证项目的研究意义、研究内容、研究方案和可行性。

1.4.1 文献综述

查阅文献资料并撰写文献综述报告是开题报告的前期准备工作,文献综述是将某一专题有价值的文献、资料中有关内容及其结论加以综合加工,使之条理化,然后根据自己的思考进行综述,评述现状,写成文章。文献综述主要包括以下内容。

(1)背景意义:论述项目研究的工程需求、社会需求,研究工作的意义、价值。

(2)国内外研究现状分析:评述最新研究进展、动态、现状等,发现所关心领域的最新研究趋势和存在的不足。所用资料须准确、成熟、时效性好并具权威性。

(3)总结或结论:根据国内外研究现状分析论证的结果,提出问题,作为文献综述的结论。

(4)参考文献:将最新、最有代表性的文献在文中引注,并按照标准和规范全部列出。

1.4.2 开题报告

开题报告是用文字表达项目的研究构想,没有固定的标准,总体上要求逻辑性、规范性和科学性的统一。内容一般包括:项目名称、立论依据、主要研究内容、研究方案和技术路线、研究工作的主要特色及创新点、可行性分析、预期成果及研究计划等。

项目名称是以最少数量的词语来充分表述项目研究工作,要具有新颖性与科学性、规范性,不宜过长,一般在 25 字以内。要用关键词明确、具体地表达研究工作的特色或创新。

立论依据主要是回答为什么要进行该项目的研究工作,具体应包括:研究工作的背景意义、现状分析和参考文献。要明确地提出问题,通过分析文献指明目前该领域研究工作存在的问题,提出解决问题的简单思路,并简要叙述研究思路并明确研究意义。

研究内容主要是说明具体要进行的研究工作,应尽可能详细、具体,紧密围绕项目的关键词和研究特色,凝练 3~5 项研究内容,并注意突出各项内容之间的关联性和逻辑性。其中应明确可考核的研究目标,概括说明为实现研究目标应采用的研究方法,针对项目的研究内容和关键问题,论述解决问题所采用的具体研究方案和技术路线,并进行可行性分析。

开题报告可参考以下纲要撰写。

1. 立论依据(why)
  1.1　背景意义
  1.2　现状分析
  1.3　参考文献
2. 研究目标、研究(或设计)内容(what)
3. 研究方案、技术路线(how)
4. 研究特色或创新点(innovation)
5. 可行性分析
6. 预期成果
7. 研究计划(时间安排)

1.5　研究进展报告

在期中检查阶段,需对研究工作的进展情况进行总结。进展报告要求有封面、目录和摘要,文字及图表格式要规范。插图要有图题(由图名、图序号组成),置于图的下方,图序按出现的前后顺序排列。插表有表题(由表名、表序号组成),置于表的上方,表序按出现的先后顺序排列。研究工作进展报告主要包括以下内容。

1. 计划任务完成情况
  1.1　前期计划要点
  1.2　计划任务完成情况
2. 主要工作进展
  (分标题具体撰写前期所完成工作、阶段性成果)
3. 存在问题及解决方案
4. 后期工作计划

1.6　技术总结报告

技术总结报告是记录、保存、交流和传播研究成果及学术思想的重要载体,是研究工作的一种体现形式。技术总结报告要具有科学性、创新性、学术性、理论性、规范性和可读性。在文字表达上,要求语言准确、简明、通顺,并且条理清楚、层次分明、论述严谨。在技术表达方面,包括名词术语的使用,数字、符号的使用,图表的设计,计量单位的使用,文献的著录等都应符合规范化要求。

技术总结报告包括前置部分、主体部分和后置部分。

前置部分包括封面、摘要和目录等。

主体部分按章节分层次表述,章节标题清楚、确切,图、表按引用的章节排序。

如:

第 1 章　绪论

第 2 章　×××(章标题)

　　2.1　×××(节标题)

　　2.2　…

　　2.3　…

　　　　2.3.1　…

　　　　2.3.2　…

　　　　　　图 2-1,图 2-2

　　　　　　表 2-1,表 2-2(三线表)

后置部分包括结论、致谢和参考文献。结论是全篇报告的总结,不是研究结果的简单重复,应高度概括全篇报告的工作成果。结论表达应扼要准确,简练完整,不要模棱两可、含糊其辞。

参考文献要注意格式规范、统一。列出最新的、最重要的、亲自阅读过的、在文中直接引用过的文献。

致谢应措辞恰当、态度端正,充分表达对项目研究工作经费资助者、提供帮助的组织和个人等的尊重和感谢。

第2章

螺栓组连接综合实验

2.1 概述

图 2-1 是一种常见的受翻转力矩作用的螺栓组连接形式及底板结合面的应力分布图。托架用 12 个均匀排列的螺栓固定在机座上,螺栓分布及底板结合面如图 2-1(a)所示。螺栓预紧时,结合面间产生挤压应力(见图 2-1(c))。托架受中间纵剖面上的力 F_Q 的外载作用,如图 2-1(b)所示。将力 F_Q 向连接结合面形心简化,可以得到两种典型的载荷形式,即沿接触面的横向力 F_Q 和绕 $O\!-\!O$ 轴线使托架翻转的力矩 $M=F_Q L$。在翻转力矩 M 的作用下,结合面上部的挤压应力减小,下部的挤压应力增大,如图 2-1(d)所示。在设计这种连接时,应满足连接结合面不分离、不压溃、不滑动和螺栓不被拉断的要求。

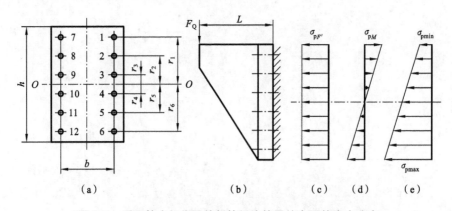

图 2-1 受翻转力矩作用的螺栓组连接及结合面的应力分布

当连接被预紧时,结合面的挤压力分布如图 2-1(c)所示,挤压应力为

$$\sigma_{pF'} = \frac{nF'}{A} \ (\text{MPa}) \tag{2-1}$$

式中:F'——螺栓的预紧力(N);

n——连接螺栓个数，$n=12$；

A——托架与机座结合面的面积，$A=bh(\text{mm}^2)$。

在翻转力矩 M 的作用下，结合面的挤压力分布如图 2-1(d)所示，两端最大挤压应力为

$$\sigma_{pM}=\frac{M}{W}\ (\text{MPa}) \qquad (2\text{-}2)$$

式中：M——作用在托架上的力矩，$M=F_QL(\text{N}\cdot\text{mm})$；

W——结合面的抗弯截面模量，$W=\dfrac{bh^2}{6}(\text{mm}^3)$。

图 2-1(e)为结合面在螺栓预紧力和翻转力矩共同作用下的应力分布简图。本实验是针对不允许连接结合面分离的情况设计的，托架受载后，结合面最上端不允许出现间隙，故须保持一定的残余挤压应力 σ_{pmin}，保证结合面上端受压最小处不分离的条件为

$$\sigma_{pmin}=\sigma_{pF'}-\sigma_{pM}=\frac{nF'}{A}-\frac{M}{W}\geq0 \qquad (2\text{-}3)$$

将 $M=F_QL$ 和 A、W 的表达式代入式(2-3)并简化得

$$F'\geq K_f\frac{6F_QL}{nh}\ (\text{N}) \qquad (2\text{-}4)$$

式中：K_f——可靠性系数，通常取 1.1～1.3，本实验取 $K_f=1.1$。

螺栓的工作拉力可根据托架静力平衡和变形协调条件求得。假设在翻转力矩 M 的作用下结合面仍保持平面，并且托架底板有绕轴线 O—O 翻转的趋势。此时，O—O 线以上的螺栓在 M 的作用下进一步受拉，螺栓拉力增大；O—O 线以下的螺栓则被放松，螺栓承受的拉力减小，螺栓的受力分布如图 2-2 所示。

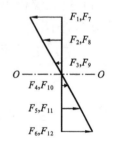

图 2-2　螺栓受力分布

根据托架静力平衡条件求得

$$M=F_QL=F_1r_1+F_2r_2+\cdots+F_{12}r_{12} \qquad (2\text{-}5)$$

式中：$F_1,F_2,\cdots,F_{12}$——各螺栓所受的工作载荷；

$r_1,r_2,\cdots,r_{12}$——各螺栓中心到翻转轴线 O—O 的距离。

根据变形协调条件，各螺栓的拉伸变形量与该螺栓距轴线 O—O 的距离成正比，即

$$\frac{F_1}{r_1}=\frac{F_2}{r_2}=\cdots=\frac{F_{12}}{r_{12}} \qquad (2\text{-}6)$$

由式(2-5)、式(2-6)可得出任一位置螺栓的工作拉力为

$$F_i=\frac{F_QLr_i}{r_1^2+r_2^2+\cdots+r_{12}^2}\ (\text{N}) \qquad (2\text{-}7)$$

由于螺栓对称布置,即:$r_1 = r_6 = r_7 = r_{12}$,$r_2 = r_5 = r_8 = r_{11}$,$r_3 = r_4 = r_9 = r_{10}$,则

$$F_i = \frac{F_Q L r_i}{4(r_1^2 + r_2^2 + r_3^2)} \text{ (N)} \tag{2-8}$$

根据受轴向载荷紧螺栓连接的受力理论,螺栓总拉力不仅与预紧力 F'、工作拉力 F_i 有关,而且与螺栓的刚度 C_1 和被连接件的刚度 C_2 有关。

在 O—O 线以上的螺栓总拉力为

$$F_{Oi} = F' + \frac{C_1}{C_1 + C_2} F_i \text{(N)} \tag{2-9}$$

在 O—O 线以下的螺栓总拉力为

$$F_{Oi} = F' - \frac{C_1}{C_1 + C_2} F_i \text{(N)} \tag{2-10}$$

式中:$\dfrac{C_1}{C_1 + C_2}$——螺栓相对刚度系数,它的大小与螺栓及被连接件的材料、尺寸和结构有关。本实验中取 $\dfrac{C_1}{C_1 + C_2} = 0.1$。

2.2　实验目的

（1）验证螺栓组连接受力分析理论。测定受翻转力矩的螺栓组连接中螺栓的受力分布,画出受力分布图并确定翻转轴线位置。

（2）掌握电阻应变仪的工作原理和使用方法。

2.3　实验设备

（1）螺栓组连接实验台。

（2）CM-12 型数字静态电阻应变仪,CL-1 型测力仪,计算机。

2.4　实验台结构和工作原理

2.4.1　立式螺栓组实验台

螺栓组实验台结构简图如图 2-3 所示,其由螺栓组连接、加载装置及测试仪

器三部分组成。螺栓组连接是由 12 只均匀排列为两排的螺栓将托架 1、机架 2 连接起来构成的。加载装置由两级杠杆 5 和 6 组成,杠杆比 $i=100$。砝码力 G 以及杠杆系统自重折算成的砝码力 G_0,经过杠杆增大而作用在托架上,此作用载荷为

$$F_Q=100\times(G+G_0)\ (\text{N}) \tag{2-11}$$

连接受到的翻转力矩 M 为

$$M=F_Q L\ (\text{N}\cdot\text{mm}) \tag{2-12}$$

式中:L——力臂(mm)。

螺栓的受力是通过贴在每只螺栓上的电阻应变片的变形并借助电阻应变仪测得的。电桥的工作原理如图 2-4 所示,其中 1、2 为机内电阻,3 为贴在螺栓上的电阻应变片,4 为温度补偿应变片。温度补偿应变片粘贴在与螺栓材质相同但不受力的材料上,避免温度变化对实验结果的影响。实验开始时,经过"系统清零"操作,可使电桥呈现平衡状态。当螺栓受力发生变形后,应变片的电阻值发生变化,电桥失去平衡,从而输出电压信号,该信号通过应变仪处理后,在计算机窗口显示出应变的大小。螺栓受力和变形的大小,可以根据电阻应变仪显示出的应变值,通过计算后得出。实验台的 12 只螺栓的尺寸和材料完全相同,根据胡克定律 $\varepsilon=\dfrac{\sigma}{E}$,可得出螺栓预紧后微应变为

$$\varepsilon'=\frac{\sigma'}{E}=\frac{4F'}{E\pi d^2}\times 10^6 \tag{2-13}$$

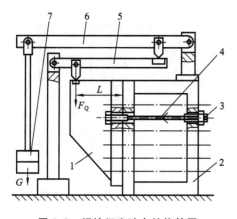

图 2-3 螺栓组实验台结构简图
1—托架;2—机架;3—螺栓;4—电阻应变片;
5—第一杠杆;6—第二杠杆;7—砝码

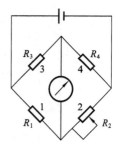

图 2-4 电桥工作原理图

保证连接结合面不分离的螺栓总的微应变为

$$\varepsilon_{Oi}=\frac{\sigma}{E}=\frac{4F_{Oi}}{E\pi d^2}\times 10^6 \tag{2-14}$$

各螺栓中微应变的变化量为

$$\Delta\varepsilon_i=\varepsilon_{Oi}-\varepsilon' \tag{2-15}$$

式中：E——螺栓材料的弹性模量，对钢 $E=2.1\times10^5$ MPa；

　　　d——螺栓粘贴应变片部位的直径，$d=12$ mm。

2.4.2　卧式螺栓组连接实验台

卧式螺栓组连接实验台如图 2-5 所示，它可供两组同学同时进行实验。它的基本工作原理与立式实验台相同，区别有以下三点：实验台上有左、右两个托架 1 和 5；加载装置 3 采用螺旋加载；载荷的大小通过压力传感器 2 传至测量仪（图中未示出）处理后显示出来。

2.4.3　小型内置式螺栓组实验台

小型内置式螺栓组实验台结构如图 2-6 所示，由螺栓组连接、加载装置及测试仪器三部分组成。螺栓组连接是由 12 只均匀排列为两排的螺栓将托架 2、机架 1 连接起来构成的。加载装置由手柄 5、丝杠 6 和托架 2 左端的内螺纹孔组成。作用在传感器 7 上的载荷为 $F_Q(\text{N})$，连接受到的翻转力矩 M 为

$$M=F_Q L \ (\text{N}\cdot\text{mm}) \tag{2-16}$$

式中：L——力臂（mm）。

图 2-5　卧式螺栓组连接实验台

1—左托架；2—压力传感器；

3—螺旋加载装置；4—加载手柄；5—右托架

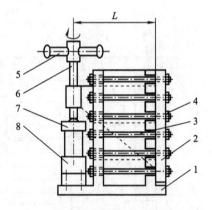

图 2-6　小型内置式螺栓组实验台结构简图

1—机架；2—托架；3—螺栓；4—预紧螺母；

5—加载手柄；6—加载丝杠；7—压力传感器；8—垫块

2.4.4　CM-12 型数字静态电阻应变仪

该仪器是实验测试系统的主要测试仪器，它是按本实验的使用要求研制的。测试系统运用了电子开关转换技术，进行电桥的快速转接；采用软件滤波技术，滤除严重的高频干扰；软件具有自动清零、对所有测点的应变值进行实时监测、对测

量数据和实验结果进行多级存储以及绘制坐标图等功能。

　　测试系统的组成如图 2-7 所示,12 个测点的应变片及补偿片对应接入 CM-12 静态数字应变仪后面的接线柱,组成完整电桥,将应变片电阻变化转化成电压变化。A/D 转换器为 16 位的高精度模/数转换器,IOC 为数字量输出控制器,与放大器及计算机相接。全系统是在计算机的控制下进行工作的。按预先编制的程序,由计算机通过 IOC 控制 CM-12 的测量点转换。在某时刻测量点电压输出信号送到 A/D 转换器转换成相应的数字量,再送到计算机进行储存、处理、显示或打印输出。

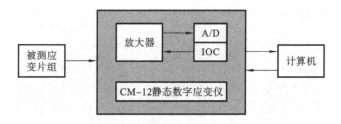

图 2-7　应变仪测试系统组成

2.5　操作步骤

　　三种实验台的操作步骤基本上是相同的。进入实验室之前根据实验要求的载荷预先计算以下的量:实验所需的预紧力 F',由翻转力矩引起的各螺栓工作载荷 F_i、总拉力 $F_{\alpha i}$,螺栓的预紧应变 ε'、总应变 $\varepsilon_{\alpha i}$ 和应变差 $\Delta\varepsilon_i$。将计算结果记录在表 2-1 中。

表 2-1　螺栓受力及应变的理论计算

计算项目	螺栓位置					
	1 (7)	2 (8)	3 (9)	4 (10)	5 (11)	6 (12)
F'/N						
F_i/N						
$F_{\alpha i}/N$						
$\varepsilon'(\mu\varepsilon)$						
$\varepsilon_{\alpha i}(\mu\varepsilon)$						
$\Delta\varepsilon_i(\mu\varepsilon)$						

2.5.1　实验准备

　　(1) 打开应变仪和测力仪的开关,预热 30～45 min 后再进行测量。

（2）打开计算机桌面上"测量系统"文件夹，双击 CM-12.exe 文件，计算机显示图 2-8 所示的界面。

（3）旋松被测螺栓。

（4）完成预热后，单击"开始显示"按钮进入测量状态，系统中各通道显示的是各测点的初始不平衡值。

（5）单击"系统清零"按钮，其上方显示框的"未清零"变成"已清零"，这时系统自动减去初始不平衡值，屏幕上显示的各测量点应变值为 0。

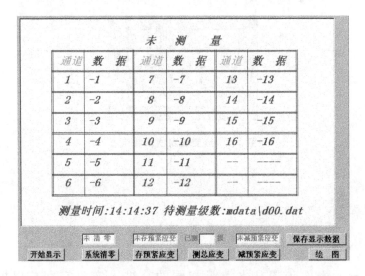

图 2-8　应变仪测量系统界面

2.5.2　预紧

（1）给各螺栓施加预紧力，在屏幕上可监测各螺栓的应变值。预紧各螺栓时，应按顺序均匀旋紧至计算出的应变值 ε'，并使 12 只螺栓尽量一致，直至屏幕上显示的微应变达到要求的值为止。将各螺栓的实际应变值 ε' 记录于表 2-2 中。

表 2-2　螺栓应变的实测结果

应　变	螺栓位置											
	1	2	3	4	5	6	7	8	9	10	11	12
$\varepsilon'(\mu\varepsilon)$												
$\varepsilon_\alpha(\mu\varepsilon)$												
$\Delta\varepsilon_i(\mu\varepsilon)$												

（2）单击"存预紧应变"，预紧应变值存于计算机中。

2.5.3　加载

（1）对于立式螺栓组连接实验台，将第一杠杆和第二杠杆安装到实验台相应的刀口上,然后加上砝码。载荷按式(2-11)计算。对于卧式螺栓组连接实验台,使用螺旋加载,载荷大小在测力仪上读出。

(2) 将各螺栓受载后的应变值 ε_{ai} 记录于表 2-2 中。

(3) 单击"存总应变",总应变值存于计算机中。

根据实验记录数据,做出实验报告,并由螺栓应变变化值绘图,确定托架底板回转中心位置。

2.5.4　计算机绘图

(1) 单击"减预紧应变"按钮,其上方显示框的"未减预应变"变成"已减预测紧应变",加载后将螺栓的总应变与预紧应变的差值存到系统中。

(2) 单击"绘图"按钮后,根据提示,计算机自动绘出螺栓应变差的分布图。

2.5.5　整理工作

(1) 实验装置卸载。

(2) 将各螺栓逐个松开。

(3) 将计算机退出操作,关闭计算机及仪器。

2.6　项目研究提示

在本实验中可进行以下几方面的研究工作。

(1) 根据不同实验装置的具体结构,建立有限元分析模型,并进行仿真计算。根据实验结果,验证有限元仿真模型,分析实验误差,修正有限元分析模型,进一步探讨满足连接要求的极端工况。

(2) 通过实验研究和有限元分析,研究理论计算中各种假设条件造成的误差,以及这些误差对理论计算结果的影响。

(3) 根据实验中心的设备条件,开发螺栓组或螺栓连接实验测试系统,如单个螺栓、螺栓组、受变载螺栓连接的实验测试系统等,并粘贴应变片、调试应变仪等。

(4) 基于 LabView 开发螺栓组连接实验的数据采集及处理系统。

(5) 在实验中心的螺栓组连接实验台上,研究螺栓组连接均匀预紧的拧紧方案。

第3章
机械系统分析及创新设计实验

3.1 概述

机器是人类进行生产以减轻体力劳动和提高生产效率的主要工具,使用机器进行生产的水平是衡量一个国家的技术水平和现代化程度的重要标准之一。任何机器都是由动力机、传动系统及执行系统三部分组成。

传动系统是将动力机的动力和运动传递给执行系统的中间装置。

传动系统的设计就是以执行系统的运动和动力要求为目标,结合动力机的输出特性及控制方式,合理选择并设计基本传动机构及其组合,使动力机与执行系统之间在运动和动力方面得到合理的匹配。

在机器系统中,传动系统主要实现如下功能要求。

(1)减速或增速:通过传动将动力机的速度降低或增高,使之满足执行系统的需要。

(2)变速:在动力机速度一定的情况下,能获得多种输出速度,以满足执行系统的经常变速要求。

(3)改变运动形式:在动力机与执行系统之间实现运动形式的变换,如将转动变为移动或间歇运动,并且两者之间具有特定的函数关系。

(4)分配运动和动力:通过传动系统,可以将一个动力机的运动、动力经变换后分别传递给多个执行机构或执行构件,并在各执行机构或执行构件之间建立起确定的运动、动力关系。

(5)实现某些操纵控制功能:如启停、离合、制动或换向等。

产品的结构设计又称技术设计,它是方案设计的具体化,机械方案设计的结果都是以一定的结构形式表现出来的。在生产中要根据结构设计来完成零部件的加工、装配以满足产品的功能要求;产品的结构与材料选择、尺寸和形状确定、加工和装配工艺等因素密切相关,结构合理与否将直接影响产品的成本;结构设计是进行科学计算的基础。因此,合理的结构设计是保证产品质量的重要手段。

3.2　实验目的

通过对实验中心的机械设备进行观察、操作运转,了解其总体结构、各种传动方式及其零部件结构,分析其综合机械传动、气(液)动及电控等一体化的总体设计方案,并对实验中心展出的机械设备作出评价。选择一台设备,完成认识、测绘、分析、设计过程,通过消化吸收进行再创新,提出新的设计方案并进行创新设计。

3.3　实验内容

3.3.1　TS-1 提斗上料装置

1. 设备功用

图 3-1 为 TS-1 提斗上料装置示意图,该装置的主要功用是将散料装入料斗,以电动机为动力,使料提升到一定高度后倾倒在上料容器中。

2. 自动工作顺序

上料装置的上料流程为:装料→按提升按钮→料斗提升至反转位置倾出料→停止运动→按下降按钮→料斗下降回位。

3. 传动系统框图

TS-1 提斗上料装置的传动系统框图如图 3-2 所示。

图 3-1　TS-1 提斗上料装置

1—上料斗;2—电动机;3—带传动;
4—蜗杆减速器;5—同步带传动;6—链传动

4. 主要技术参数

(1) 电源:三相交流 380 V,50 Hz。

(2) 电动机:YS6324,功率 $P=180$ W,转速 $n=1400$ r/min。

(3) V 带传动:Z-710 GB 11544—2012,根数 $z=1$。

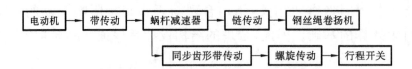

图 3-2　TS-1 提斗上料装置的传动系统框图

（4）同步齿形带传动：520-5M-10。

（5）滚子链传动：06B-1X（链节数）　GB 1243.1—1997。

（6）蜗杆减速器：WPA，传动比 $i=50$。

（7）料斗：提升高度 $H=400$ mm。

5. 注意

（1）经常检查钢丝绳是否有松动，如有松动应及时收紧。

（2）本机不能连续进行提斗上升和下降运动，必须在上升或下降结束后，按下停止开关，再启动下一运动。

6. 电气控制系统

TS-1 提斗上料装置电气控制原理如图 3-3 所示。

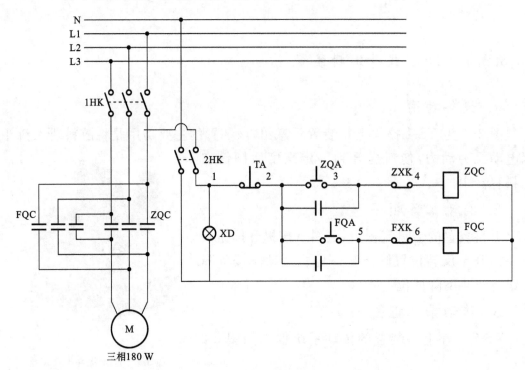

图 3-3　TS-1 提斗上料装置电气控制原理图

7. 观察分析要求

观察分析实现料斗提升、下降半自动操作所采用的总体设计方案，提供下列各项分析要求仅供参考。

（1）绘出系统的机构运动简图。

（2）观察本设备采用了哪些传动方式。这些传动方式是否有必要？各类传动方式分别由哪些主要零部件组成？在总体设计中怎样考虑它们的传动特性来合理安排布置？

（3）查阅设计手册对钢丝绳卷扬机结构设计有哪些要求。

（4）本设备轴系中采用了哪些支承形式？

（5）在尘土较多的工作环境中怎样保持运动部件的润滑密封？

（6）电控系统怎样采用传感器来实现设备的半自动化或自动化运作？通过电控系统的工作原理认识机电一体化设计的必要。本装置中采用了哪些主要的电气元件？

（7）在工况分析中考虑在料斗提升过程中突然停电，或料斗在运行中被卡住不能动，这两种情况下怎样保护设备和操作人员的安全。

（8）分析料斗载重为 Q、料斗转臂长为 L 时在每次提升过程工作载荷的变化规律，并以此为规律来分析计算各传动系统载荷和所需的电动机参数（功率 P、转速 n）。

（9）通过观察分析评价本装置的总体设计方案（如采用的提升方法、各传动环节选择、机电一体化、总布置及传动效率），你认为各传动环节是否合理？如不合理，应怎样改进？请提出你认为更好的方案。

3.3.2　CS-I 曲柄压力机及送料装置

1．功用

图 3-4 所示为 CS-I 曲柄压力机及送料装置图，该装置使具有一定压力的冲压模具做往复运动，使板料进行预期的变形，制成所需的工件。

2．自动工作顺序

CS-I 曲柄压力机及送料装置的工作顺序如下。

按启动按钮→将板料送入送料机构→冲压成形→停止运动。

3．工作原理及传动系统框图

图 3-5 所示为 CS-I 曲柄压力机工作原理及传动系统框图。电动机通过 V 带传动（或 V 带-齿轮传动），驱动小齿轮，再经齿轮减速传动，带

图 3-4　CS-I 曲柄压力机及送料装置

1—送料机构；2—摆杆；3—曲柄滑块机构；
4—电动机；5—带传动；6—开式齿轮传动

动偏心轴转动,该轴为曲柄,并与连杆导轨组成曲柄滑块机构。由旋转运动变成冲头沿导轨的变速上下运动,将电动机的能量传给工作机构,从而使坯料获得预期的变形,制成所需的工件。

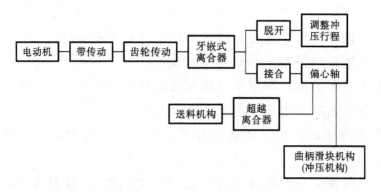

图 3-5   CS-I 曲柄压力机工作原理及传动系统框图

4. 主要技术参数

(1) 电源:三相交流 380 V,50 Hz;

(2) 电动机:型号 YS6324,功率 $P=370$ W,转速 $n=1400$ r/min;

(3) V 带传动:Z-1420,GB 11544—2012,根数 $z=2$;

(4) 开式齿轮传动:$i=4.14$;

(5) 滑块行程 $H=40$ mm。

5. 注意

(1) 长期工作请注意偏心轴各处滑动轴承套温度是否正常,若温度较高,请停机检查。

(2) 每次调节行程后,一定要将偏心轴上的圆螺母锁紧,以免偏心套轴向窜动。

6. 电气控制系统

CS-I 曲柄压力机电气系统原理图如图 3-6 所示。

7. 观察分析要求

观察分析冲压机及板材送料装置所采用的总体设计方案。提供下列各项分析要求仅供参考。

(1) 绘出系统的机构运动简图。

(2) 观察本设备采用了哪些传动方式。这些传动方式是否有必要?各类传动方式分别由哪些主要零部件组成?在总体设计中怎样考虑它们的传动特性来合理安排布置?

(3) 本设备轴系中采用了哪些支承形式?直线轴承的特点是什么?

(4) 本设备中为何采用牙嵌式和超越式离合器?其主要功能是什么?冲压行

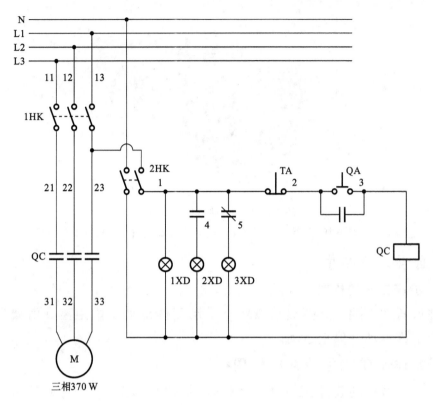

图 3-6　CS-I 曲柄压力机电气控制系统原理图

程是如何调整的?

（5）怎样保持运动部件的润滑密封?

（6）本设备中如何考虑 V 带传动的张紧装置?

（7）根据本设备的电动机参数（功率 P、转速 n）为依据来分析计算公称压力、冲压行程、最大冲材板厚和行程次数。

（8）通过本设备的电路图,了解电控系统的工作原理。本装置中采用了哪些主要的电气元件?

（9）通过观察分析,评价本装置的总体设计方案（如采用的冲压方法、各传动环节选择、机电一体化、总布置及传动效率）,你认为各传动环节的设置是否合理? 如不合理,应怎样改进? 请提出你认为更好的方案。

3.3.3　BS-I 步进输送机

1. 功用

图 3-7 为 BS-I 步进式输送机简图,其主要功用是在运输滚道上采用步进方式输送工件。

图 3-7 BS-I 步进式输送机简图

1—滚道；2—蜗杆减速器；3—开式齿轮传动；4—平面连杆机构；5—电动机；6—机架

2. 自动工作顺序

BS-I 步进式输送机的工作顺序如下。

工件放置在滑架上→按启动按钮→推动工件滑动一段距离→滑架后退→重复下一个工件推动→停止运动。

3. 工作原理及传动系统框图

电动机通过传动装置、工作机构驱动滑架往复移动，工作行程时滑架上的推爪推动工件前移一个步长，当滑架返回时，由工件压下推爪，推爪得以从工件底面滑过，工件保持不动。当滑架再次向前推进时，推爪靠轴间的扭簧弹起复位，并推动后续的工件前移，同时前方推爪也推动前一工位的工件前移。如图 3-8 所示为BS-I 进步输送机传动系统框图。

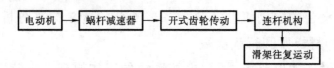

图 3-8 BS-I 步进输送机传动系统框图

4. 主要技术参数

（1）电源：三相 380 V，50 Hz。

（2）电动机：YS6324，功率 $P=180$ W，转速 $n=1400$ r/min。

（3）蜗杆减速器：WPDA，传动比 $i=50$，中心距 $a=50$。

（4）开式齿轮传动：$i=1.75$。

（5）滑架往复速度：14 次/分钟。

5. 电气控制系统

BS-I 步进式输送机电气控制系统原理图如图 3-9 所示。

6. 观察分析要求

观察分析步进式输送机所采用的总体设计方案。提供下列各项分析要求供

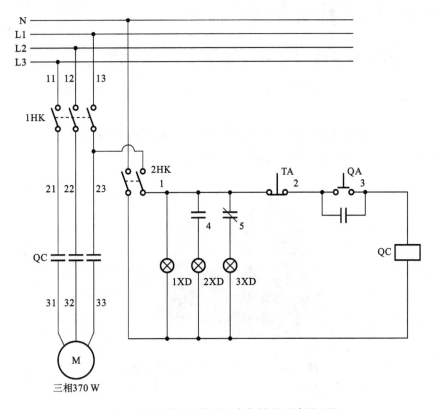

图 3-9　BS-I 步进式输送机电气控制系统原理图

参考。

（1）绘出系统的机构运动简图。

（2）观察本设备采用了哪些传动方式。这些传动方式是否有必要？各类传动方式分别由哪些主要零部件组成？在总体设计中怎样考虑它们的传动特性来合理安排布置？

（3）本设备轴系中采用了哪些支承形式？

（4）怎样保持运动部件的润滑密封？

（5）以本设备的电动机参数（功率 P、转速 n）为依据，分析计算工作阻力、滑架往复速度。

（6）通过本设备的电路图，了解电控系统的工作原理。本装置中采用了哪些主要电气元件？

（7）本设备除了用曲柄滑块机构实现工件步进输送，能否采用其他机构实现工件步进输送？

（8）目前本设备中采用弹簧返回的摆动推爪机构是靠弹簧力来复位的，结构比较复杂，能否采用其他方法使摆动推爪复位？

（9）通过观察分析评价本装置的总体设计方案（如采用的步进输送方法、各传动环节选择、机电一体化、总布置及传动效率），你认为各传动环节是否合理？如不合理,应怎样改进？请提出你认为更好的方案。

3.3.4 JZ-I 间歇送料及冲压装置

1. 功能

图 3-10 为 JZ-I 间歇送料及冲压装置简图,该多位连续冲压设备的主要功能是实现送料、冲压、卸料同时进行,提高工作效率。

图 3-10 JZ-I 间歇送料及冲压装置简图

1—冲压装置;2—蜗杆减速器;3—电动机;4—送料装置;5—凸轮机构;6—带传动;7—分度机构

2. 自动工作顺序

JZ-I 间歇送料及冲压装置的工作顺序如下。

按启动按钮→间歇送料机构实施对工件送料→气缸做冲压运动→转盘分度重复实施下一个工件运动→停止运动。

3. 工作原理及传动系统框图

图 3-11 为 JZ-I 间歇送料及冲压装置工作原理及传动系统框图。电动机通过蜗杆减速器驱动转轴转动、带动圆柱凸轮机构实现自动送料,同时通过同步带带动回转工作台做回转运动,在工作台停止回转时间内实施工件的送料,同时气缸做冲压运动。

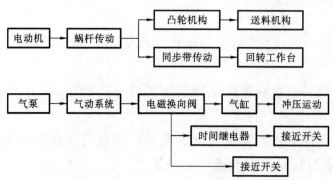

图 3-11 JZ-I 间歇送料及冲压装置工作原理及传动系统框图

4．主要技术参数

（1）电源：三相 380 V，50 Hz。

（2）电动机：YS6324，功率 $P=120$ W，转速 $n=1400$ r/min。

（3）蜗杆减速器：传动比 $i=50$，中心距 $a=30$ mm。

（4）同步带传动：1200-5M-20。

（5）间歇送料频率：28 次/分钟。

（6）气源压力：$0.3\sim0.6$ MPa。

5．注意

（1）控制箱内的智能时间继电器已调整好，请不要随意调整。

（2）定时打开间歇转位机构观察窗，涂抹锂基润滑脂，以保证凸轮与滚轮之间有足够的润滑脂。

6．气动系统图

JZ-I 间歇送料及冲压装置气动系统图如图 3-12 所示。

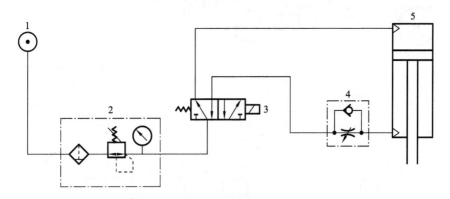

图 3-12　JZ-I 间歇送料及冲压装置气动系统图

1—气源；2—气源处理元件；3—电磁铁；4—单向节流阀；5—气缸

7．电气系统图

JZ-I 间歇送料及冲压装置电气系统图如图 3-13 所示。

8．观察分析要求

观察分析间隙送料及冲压机所采用的总体设计方案，提供下列各项分析要求仅供参考。

（1）绘出系统的机构运动简图。

（2）本设备采用了哪些传动方式？这些传动方式是否有必要？各类传动方式分别由哪些主要零部件组成？在总体设计中怎样考虑它们的传动特性来合理安排布置？

（3）怎样保持运动部件的润滑密封？

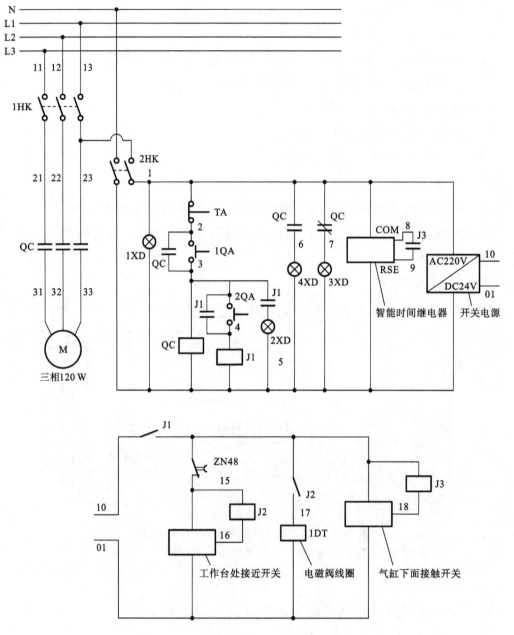

图 3-13　JZ-I 间歇送料及冲压装置电气系统图

（4）通过本设备的气压控制图，分析本装置中采用了哪些主要的气动元件。

（5）通过本设备的电路图，了解电控系统的工作原理。本装置中采用了哪些主要的电气元件？

（6）了解本机器中如何控制间歇送料及冲压的运动，了解本机器中采用什么类型的传感器。

（7）本设备是怎样实现间隙送料的？能否采用其他机构实现工件间隙输送？

（8）通过观察分析，评价本装置的总体设计方案（如采用的间隙送料方法、各传动环节选择、机电一体化、总布置及传动效率),你认为各传动环节设置是否合理? 如不合理,应怎样改进? 请提出你认为更好的方案。

3.3.5　SZ-I 转位及输送装置

1. 功能

图 3-14 为 SZ-I 转位及输送装置简图。该设备的主要功用是在滚道上实现连续输送工件,并在工作区域实现对工件的举升动作和转位动作。

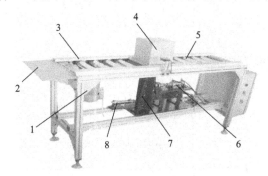

图 3-14　SZ-I 转位及输送装置

1—电动机;2—机架;3—蜗杆减速器;4—输送物品;5—滚道;6,8—气缸;7—带齿条的套筒

2. 自动工作顺序

SZ-I 转位及输送装置工作顺序如下。

按启动按钮→传动系统实施对工件向前输送→光电传感器接收信号→托盘转位工件在滚轴上继续前进→停止运动。

3. 传动系统框图

SZ-I 转位及输送装置系统框图如图 3-15 所示。电动机通过蜗杆减速器、链传动带动放在滚轴上的工件向前输送,当工件输送到托盘上面后,光电传感器接收到信号,控制托盘进行转位,完成转位后,托盘下降至原来的位置,工件在滚轴上继续前进。

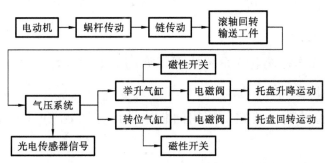

图 3-15　SZ-I 转位及输送装置传动系统框图

4. 主要技术参数

(1) 电源:三相 380 V,50 Hz。

(2) 电动机:YS7114,功率 $P=370$ W,转速 $n=1400$ r/min。

(3) 蜗杆减速器:NRV40,传动比 $i=50$,中心距 $a=40$ mm。

(4) 滚子链传动:06B-X(链节数),GB 1243.1—1997。

(5) 气源压力:0.3~0.6 MPa。

5. 注意

控制箱内的智能时间继电器已调整好,请不要随意调整。

6. 气动系统图

SZ-I 转位及输送装置气动系统图如图 3-16 所示。

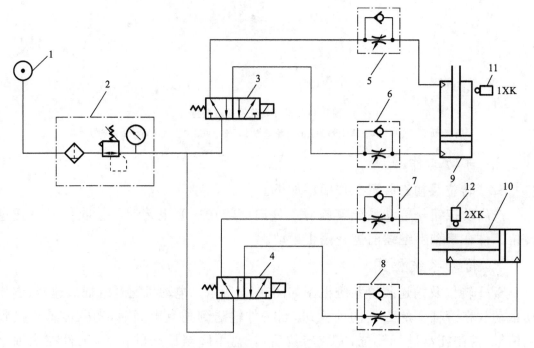

图 3-16 SZ-I 转位及输送装置气动系统图

1—气源;2—气源处理元件;3,4—电磁铁;5,6,7,8—单向节流阀;9—举升气缸;10—回转气缸;11,12—磁性开关

7. 电气系统图

SZ-I 转位及输送装置电气系统原理图如图 3-17 所示。

8. 观察分析要求

观察分析转位及输送装置所采用的总体设计方案,提供下列各项分析要求仅供参考。

(1) 绘出系统的机构运动简图。

(2) 观察本设备采用了哪些传动方式。所采用的传动方式是否有必要? 各类

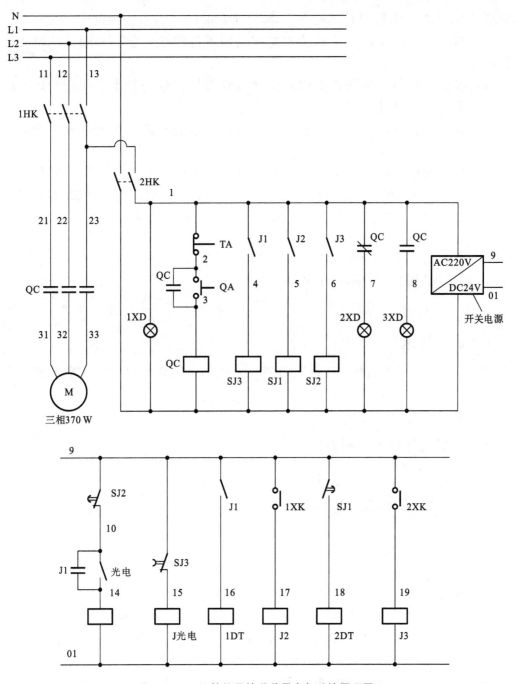

图 3-17　SZ-I 转位及输送装置电气系统原理图

传动方式分别由哪些主要零部件组成? 在总体设计中怎样考虑它们的传动特性来合理安排布置?

（3）怎样保持运动部件的润滑密封?

（4）通过本设备的气压控制图,观察本设备气动如何控制转位及输送装置的运动。本装置中采用了哪些主要的气动元件?

（5）电控系统怎样采用传感器来实现设备的自动化运作? 通过电控系统的工

作原理认识机电一体化设计的必要。本装置中采用了哪些主要的电气元件？

（6）本设备辊道输送的传动装置怎样实现工件输送？能否采用其他机构实现工件输送？

（7）本设备物料水平回转机构的传动装置怎样实现物料水平回转？能否采用其他机构实现物料水平回转？

（8）本设备物料举升机构是怎样实现物料举升的？能否采用其他机构实现物料举升？

（9）通过观察分析评价本装置的总体设计方案（如采用辊道输送、物料水平回转各传动环节选择、机电一体化、总布置及传动效率），你认为各传动环节设置是否合理？如不合理，应怎样改进？请提出你认为更好的方案。

3.4　实验设备和用具

1. 实验设备

实验设备：斗式上料机、曲柄压力机、分度及冲压装置、转位及输送装置和步进输送机。

2. 实验工具

实验工具：扳手、卡尺和钢板尺。

3.5　实验步骤

（1）实验分组进行。

（2）指导教师讲解注意事项，办理工具借用手续。

（3）每个组按实验内容中的观察分析要求去了解、分析设备。

（4）每组推出一名学生，讲解本组所做实验设备的情况（按观察分析要求来讲解），使所有的同学都能对其他组的设备有所了解。

（5）实验中遇到问题及时查找资料，并找指导教师答疑。

（6）借用的工具及时办理返还手续。

3.6　操作方法

（1）开机前，认真检查机械装置各部位是否固定可靠，转动灵活；

（2）接通电源，按启动开关，机器开始工作；

（3）运行结束后，按停止按钮，机器停止工作；

（4）切断控制箱的电源和气源。

3.7　注意事项

（1）本实验为开放式实验，课内 4 学时，课外开放一周，如果课内不能完成，学生可利用课外约定时间来实验。

（2）实验时要注意安全，设备运转时切勿触及所有运动部件，特别是留长发的女生务必防止头发卷入运动部件。

（3）遵守实验室各项规章制度，爱护公物，保持环境卫生。

（4）工件轻拿轻放，以免砸伤机器。

（5）蜗杆减速器中，要保证油面高度，要定时添加齿轮油，各润滑点加锂基润滑脂。

（6）长期不用时，断掉电源。

（7）出现紧急情况时应按下急停开关。

（8）注意观察气源处理元件滤气杯是否清洁，若有污物应及时清理。

（9）接通电源后严禁打开电控箱，需观察电控箱时必须断开外部电源。

3.8　项目研究提示

在工程实际中，经常需要根据工程需求设计机械装备。本综合实验项目可以选择一台机械设备作为拟设计的机械产品，分析研究机械设备的工作原理和功能特点，对其性能做出评价，学习、掌握、消化吸收再创新设计的方法、步骤。在满足已有机械装置使用功能的前提下，按照机构原理设计、运动学计算、动力学计算、强度设计计算、结构设计、电气原理设计、电气元件选型等基本步骤，并借助 Adams、Ansys 等仿真分析软件，进行机械系统的创新设计。

第4章

液体动压润滑径向滑动轴承综合实验

4.1 概述

　　液体动压润滑径向滑动轴承是利用轴颈与轴承的相对运动,将润滑油带入楔形间隙形成动压油膜,并靠油膜的动压力来平衡外载荷的。

　　液体动压润滑油膜的形成过程及油膜压力分布形状如图 4-1 所示。由于轴颈与轴承之间有一定的径向间隙,静止时,在载荷作用下,轴颈在轴承孔中处于最下方位置形成楔形间隙,如图 4-1(a)所示。当轴开始转动时,如图 4-1(b)所示,在摩擦力的作用下轴颈沿轴承内壁上爬,产生表面接触的摩擦。同时由于油的黏性,油被带入楔形间隙,随着轴转速的提高,被轴颈卷吸入间隙的油量随之增多,油膜中的压力逐渐形成。当轴的转速达到足够高时,润滑油在楔形间隙内形成流体动压效应。当油膜压力能平衡外载荷时,轴颈与轴承被油膜完全隔开,如图 4-1(c)所示。这时轴颈的中心对轴承中心处于偏心位置,轴颈与轴承之间处于完全液体摩擦润滑状态,称为全膜润滑状态。这种轴承在全膜润滑状态下摩擦小,寿命长,具有一定的吸振能力。

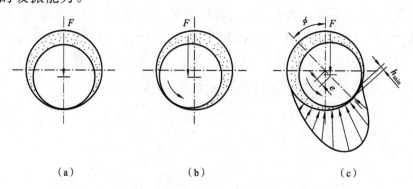

(a)　　　　　　　　(b)　　　　　　　　(c)

图 4-1　液体动压润滑油膜的形成过程及油膜压力分布形状

4.2　实验目的

（1）观察液体动压油膜的形成过程和现象。

（2）测定不同转速下滑动轴承的周向油膜压力和轴向油膜压力，绘出油膜压力分布图，求出轴承的承载能力。

（3）观察转速和载荷改变时油膜压力的变化情况。

4.3　实验台的结构与工作原理

4.3.1　实验台的驱动

实验台外形如图 4-2 所示。直流电动机 1 通过 V 带驱动主轴按顺时针方向旋转，通过无级调速器可使主轴在 3～500 r/min 范围内无级变速，轴的转速由数码管显示。

4.3.2　油膜压力测量装置

主轴的材料为 45 钢，经表面淬火后磨削加工，由两个高精度的深沟球轴承支承在箱体上。轴的下半部浸泡在润滑油中，润滑油的牌号为 N68（旧牌号为40 号机油），该油在 20 ℃时的动力黏度为 0.34Pa·s。轴上装有精密加工制造的轴瓦 6，材料为铸锡铅青铜（ZCuSn5Pb5Zn5）。如图 4-2 所示，在轴瓦前端的一个径向剖面内沿周向钻有 7 个间隔 20°的小孔，小孔处装有压力表（油的进口在轴瓦的1/2处），用于测量油膜的周向压力，其中位于垂直方向的压力表 4 兼于测量轴向油膜压力，另一只测量轴向油膜压力的压力表 3，装在轴瓦全长的 1/4处。

4.3.3　加载装置

图 4-2 中螺旋加载装置 5 作用在主轴瓦的外圆上，旋转加载杆即可对轴瓦加载，载荷的大小通过压力传感器传出，在面板右侧显示（记录时取中间值）。

图 4-2　实验台外形

1—直流电动机;2—主轴箱;3—轴向压力表;4—周向压力表(7 只);

5—螺旋加载装置;6—主轴瓦;7—百分表测力装置

4.3.4　摩擦因数测量装置

径向滑动轴承的摩擦因数 f 随轴承的特性值 λ 的改变而改变,即

$$\lambda = \frac{\eta n}{p} \tag{4-1}$$

式中:η——油的动力黏度(Pa·s);

　　　n——轴的转速(r/min);

　　　p——压力(MPa),$p = W/Bd$(W 为载荷,N;B 为轴瓦的宽度,mm;d 为轴的直径,mm)。

在边界摩擦状态,λ 增大时 f 变化很小(由于转速很低,建议用手慢慢转动轴);进入混合摩擦后,λ 的改变将引起 f 的急剧变化;当形成液体摩擦时,f 达到最小值。此后,随 λ 的增大油膜厚度亦随之增大,因而 f 亦有所增大。

摩擦因数 f 可通过测量轴承的摩擦力矩而得到。在轴转动时,轴与轴瓦之间产生周向摩擦力 F,其摩擦力矩为 $Fd/2$。摩擦力矩使轴瓦发生翻转,装在轴瓦上的测力杆通过弹簧片作用在百分表 7 上,通过百分表的指针转过的格数 Δ,可以计算出摩擦力的大小。

根据力矩平衡条件得

$$\frac{Fd}{2} = LQ \tag{4-2}$$

式中:L——测力杆的长度,120 mm;

　　　Q——作用在百分表触头处的力,$Q = K\Delta$(K 为测力计标定值,$K = 0.098$ 牛顿/格;Δ 为百分表的读数(指针转过的格数))。

当作用在轴瓦上的载荷为 W 时,轴承的摩擦因数为

$$f=\frac{F}{W}=\frac{2LQ}{Wd}=\frac{2LK\Delta}{Wd} \tag{4-3}$$

4.3.5　摩擦状态指示装置

摩擦状态指示装置的原理如图 4-3 所示。当轴不转动时,闭合开关,电路接通,可看到灯泡很亮;当轴转动时,轴将润滑油带入轴和轴瓦之间的油楔内,轴的转速很低时,油膜厚度很薄,轴与轴瓦之间部分微观不平度的凸峰处仍在接触,故灯忽亮忽暗;当轴的转速达到一定值时,轴与轴瓦之间形成的动压油膜厚度完全遮盖两表面之间微观不平度的凸峰高度,油膜将轴与轴瓦完全隔开,电路断开,灯泡熄灭。

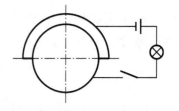

图 4-3　摩擦状态指示原理图

4.3.6　控制电气工作原理

实验台的转速控制由两部分组成:一部分为根据脉冲宽度调制原理所设计的直流电动机调速电源,另一部分为由单片机控制的转速测量及显示电路,以及测量转速的红外传感器电路。调速电源除了能输出直流电动机所需的励磁电压和电枢电压外,还能为转速测量及显示电路提供直流电压;转速测量及显示电路有四位 LED 数码管,在单片机的程序控制下,可完成复位、测量、查看和存储功能。图 4-4 为实验台面板的布置图。通电后,该电路自动开始工作,个位数字右下方的小数点变亮,即表示电路正在检测并计算转速。通电后或检测过程中,发现测速显示不正常或重新启动测速时,可按"复位"键。当需要存储所测到的转速时,可按"存储"键,最多可存储最后的 10 个数据。如果按"查看"键,即可查看前一次存

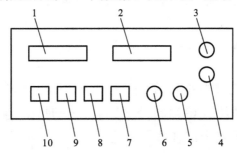

图 4-4　实验台面板布置图

1—转速显示;2—压力显示;3—油膜指示;4—电源开关;5—压力调零;

6—转速调节;7—"测量"键;8—"存储"键;9—"查看"键;10—"复位"键

储的数据,再按,可继续向前查看。在"存储"和"查看"操作后,如需继续测量,可按"测量"键。

该仪器工作时,如果轴瓦和轴之间无油膜,则很可能烧坏轴瓦,为此人为设计了轴瓦保护电路,如无油膜,油膜指示灯亮。正常工作时,油膜指示灯灭。

该仪器的负载调节控制由三部分组成:一部分为负载传感器,另一部分为电源和负载信号放大电路,第三部分为负载 A/D 转换及显示电路。传感器为柱式力传感器,在轴向布置了两个应变片来测量负载。负载信号通过测量电路转换为与之成比例的电压信号,然后通过线性放大器放大,最大电压在 1 V 以上。最后,该信号被送至 A/D 转换及显示电路,按一定的要求直接显示负载值。

4.4　实验方法及操作步骤

4.4.1　开机前的准备

(1) N68(40♯)机油必须过滤才能使用,使用过程中严禁灰尘及金属屑混入油内,油面应至圆形油标中线处。

(2) 将面板上的"调速"旋钮逆时针方向旋转到底(转速最低);加载螺旋杆的触头应旋至与负载传感器脱离接触。

(3) 使弹簧片的端部与百分表(测力计)的触头具有一定的压力。

(4) 电源通电后,面板上两组数码管亮(左为转速,右为负载),调节"调零"旋钮使负载数码管清零。

(5) 为防止轴瓦在无油膜运转时被烧坏,在面板上装有无油膜报警指示灯,正常工作时指示灯熄灭。实验前未加载荷时,先用手拉动 V 带,使轴转动以将润滑油带到轴瓦接触处,严禁在指示灯亮时主轴高速运转。

4.4.2　周向和轴向油膜压力分布测绘

(1) 启动电动机,旋转"调速"旋钮,使电动机转速调整到一定值(可取 200 r/min左右),注意观察轴从开始运转至 200 r/min 时,灯泡亮度的变化情况,待灯泡完全熄灭,此时已处于完全液体润滑状态。

(2) 用加载装置加载至 400 N。

(3) 观察 8 只压力表的读数,待各压力表指针稳定后,自左向右,依次计下各压力表的读数。第1只到第7只压力表的读数用于作油膜周向压力分布图;第 4

只和第 7 只压力表的读数用于作油膜轴向压力分布图。

（4）卸载，关机。

（5）绘制油膜周向压力分布图，并求出平均单位压力 p_m 值。

在坐标纸上按照图 4-5 作一直径等于轴承内径 d 的圆，在圆周上定出 7 个测压孔位置 1，2，…，7。通过圆上的这些点，沿半径方向向外按一定的比例截取长度以代表所测的压力值。将各压力向量末端 1′，2′，…，7′连成一光滑曲线，即得轴承中间剖面上油膜压力周向分布图。曲线起、末两点（0、8）由曲线光滑连接定出。

由油膜压力分布图可求得轴承中间剖面上的平均单位压力 p_m，作法如下：将圆周上的 0，1，2，…，8 各点投影到一条水平线上（见图 4-5），在相应点的垂线上标出对应点的压力值，将其端点 0′，1′，2′，…，7′，8′连成一光滑曲线，用数方格的方法近似地求出此曲线所围的面积为 A，以 0′8′为底边作一面积等于 A 的矩形，其高即为 p_m 值，按原比例尺换算后即为轴承中间剖面上的平均单位压力。

（6）绘制油膜轴向压力分布图。

如图 4-6 所示，在坐标纸上作一水平线，取长度为 $L=125$ mm（轴瓦的有效长度），在其中点的垂线上，将前述垂直方向的表中压力值（记为 p_4，端点为 4′）标出；在距两端 $L/4$ 处，沿垂线方向标出轴向压力表 3 所测得的压力值（记为 p_8，端点 8′标出）。轴承两端的压力为零。将 0、8′、4′、8′、0 五点连成一光滑曲线，即是轴承油膜压力轴向分布图。

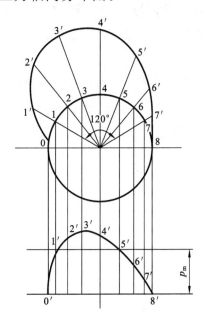

图 4-5　周向油膜压力分布图

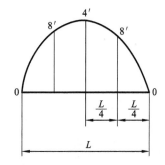

图 4-6　油膜轴向压力分布图

轴承在长度方向的端泄对油膜压力的影响系数为

$$K = \frac{W}{p_m L d} \tag{4-4}$$

式中:W——载荷,N;

p_m——轴承中间剖面上平均单位压力,MPa;

L——轴承有效长度,125 mm;

d——轴承直径,70 mm。

一般认为油膜压力沿轴向近似遵循抛物线分布规律,K 值应接近 0.7,将所求值 K 与此值进行分析比较。

4.5 项目研究提示

本实验可作为实验研究项目,进行以下几方面的研究工作。

(1) 结合实验台滑动轴承的结构参数,编制滑动轴承流体动压润滑的数值分析程序,考虑滑动轴承侧泄影响,求解二维 Reynolds 方程,获得滑动轴承的油膜厚度和压力分布。通过滑动轴承实验,实测油膜压力分布,验证数值分析结果,分析误差产生的原因。

(2) 在数值分析和实验研究的基础上,扩大数值分析的参数范围,研究载荷、转速、轴承结构参数等对滑动轴承流体动压润滑的影响规律,探索极端条件下滑动轴承性能,并进一步研究流体动压润滑的热效应及温度场分布规律。

(3) 提出改进的实验方案,对滑动轴承油膜厚度、压力分布、轴承温度的测量方案进行详细的方案设计及论证。

(4) 结合润滑油黏度测量实验,实测不同润滑油黏度,结合数值分析和滑动轴承油膜压力测定实验,分析研究在不同工况条件下,润滑油黏度对滑动轴承油膜厚度、承载能力、温度场等滑动轴承性能的影响规律。

第5章
机械传动系统创意组合搭接综合实验

5.1 概述

机械系统是由原动机、传动系统和执行系统组成的。其中,传动系统(机器中的传动部分)是置于原动机与执行机构之间,将原动机产生的机械能传送到(执行)机构上去的中间装置。它的作用是将原动机的运动参数、运动形式和动力参数变换为执行机构所需要的运动参数、运动形式和动力参数。例如:降低或提高原动机输出的速度,以满足执行机构的需要;把原动机输出的转矩,变换为执行机构所需要的转矩或力;把原动机输出的等速旋转运动,变换为执行机构所需要的运动形式及运动规律等。

机械传动的特性及参数:机械传动的运动特性通常用转速、传动比等参数表示。机械传动的动力特性常用效率、功率、转矩等参数表示。

5.1.1 转速 n、线速度 v 和传动比 i

当机械传动传递回转运动时,设其主动轮的角速度为 ω_1,转速为 n_1,从动轮的角度速度为 ω_2,转速为 n_2,并用 i 表示其传动比,d 表示回转零件的计算直径,v 表示其线速度,则

转速 $n(\mathrm{r/min})$:
$$n = \frac{30\omega}{\pi}$$

线速度 $v(\mathrm{m/s})$:
$$v = \frac{\pi d n}{60 \times 1000}$$

传动比 i:
$$i = \frac{\omega_1}{\omega_2} = \frac{n_1}{n_2}$$

5.1.2 机械效率 η、功率 P 和转矩 T

(1) 机械效率:当机械工作时,由原动机经传动系统到执行机构的各传动零件间的功率损耗为

$$\eta = \frac{P_{输出}}{P_{输入}}$$

(2) 功率 P:对于转动件,$P = \dfrac{Tn}{9550}$;对于移动件,$P = \dfrac{Fv}{1000}$。

(3) 转矩 T: $$T = 9550\frac{P}{n}\eta i$$

式中:P——功率;

   n——转速;

   η——效率;

   i——传动比。

5.1.3 机械传动系统的组成及机械传动的主要类型

机械传动系统由各种传动元件或装置(如带传动机构、链传动机构、齿轮传动机构、螺旋传动机构、连杆机构、凸轮机构等),轴及轴系零、部件(如轴承、联轴器等),离合器、制动器等零部件组成。

机械传动根据其传动原理的不同,分为啮合传动(如齿轮传动、蜗杆传动、行星齿轮传动、链传动等)、摩擦传动(如带传动、摩擦轮传动等)和推压传动(如连杆机构、凸轮机构等)。

5.1.4 传动链的方案选择

(1) 选择原则:简化传动环节,提高传动效率,确保传动安全等。

(2) 传动方式的合理安排:根据不同传动装置的性能特点布置传动顺序。带传动承载能力小,所传动的转矩小,但传动平稳,能缓冲振动,可布置在高速级;链传动由于瞬时传动比不断变化,运转不均匀,有冲击,故不宜用在高速级,应布置在低速级;锥齿轮加工困难,特别是大模数锥齿轮,因此只在需要改变方向时才用,且尽量布置在高速级,并限制传动比,以减小直径和模数。

(3) 各级传动比的分配:使各级传动的承载能力接近相等;各级传动比都应在各自允许范围内;各级形式注意零件尺寸协调,结构匀称,不会造成干涉等。

5.1.5 机械传动系统的安装、调试、检测

正确合理的安装调试检测可以保障机械传动系统的稳定性、传动精度、效率、安全、寿命等。安装包括电动机、联轴器、带、带轮、轴、齿轮和轴承等的固定、连接、配合、张紧、润滑等；调试与检测包括转速、间隙、几何公差、误差、挠度等的检测与调节。

5.2　实验目的

（1）通过机械零部件的安装搭接、测试和分析，掌握电动机、V带传动装置、链传动装置、轴、轴承、联轴器的安装及校准方法，加深对零件设计与制造概念的理解。

（2）通过对多种传动类型的比较分析，充分理解不同传动类型的特点及其适用范围。

（3）建立起机械系统的综合概念，提高实践与创新能力，锻炼分析问题、解决问题的能力。

5.3　实验的仪器与设备

JCY-C创意组合机械传动系统搭接综合实验台（见图5-1），包括：电动机一台，三向水平仪（多用型，可测水平、垂直、与水平面成45°角平面，水平仪长度为230 mm）一个，水平仪（长度为90 mm）一个，百分表（0.01毫米/格）一个，磁性表座一个，接触式转速表一个，直尺一把（20 cm），塞尺（0.0381～0.635 mm），开口调整垫片若干，螺栓、螺母若干，带锁安全开关一个。

图 5-1　JCY-C创意组合机械传动系统搭接综合实验台

1—低速电动机；2—电动机控制板；3—存储面板；
4—零件；5—制动器；6—高速电动机；7—存储抽屉

▊5.4　基本技能与常识▊

5.4.1　实验内容

（1）认识实验台基本的机械部件及相关测量仪表；

（2）了解各测量仪表的使用方法，掌握水平仪、百分表的使用方法；

（3）掌握安全使用电器的方法；

（4）掌握电动机的安装及校准方法。

5.4.2　实验步骤

（1）认识机械传动系统搭接综合实验台基本的机械部件，清点数目。

① 如图 5-1 所示为 JCY-C 创意组合机械系统搭接综合实验台。这个系统包括一个活动的工作站，用于装配机械系统的标准件工作表面、储存面板、储存松散组件的存储单元。工作表面包含四块金属板，大多数活动用到 1～2 块金属板，每一个工作面板都设计有用于装配组件的狭槽和孔。

② 安装存储面板组件（存储面板）。JCY-C 创意组合机械系统搭接综合实验台包括下列存储面板：轴面板 1，轴面板 2，带驱动面板 1，链驱动面板 1，齿轮驱动面板 1。设计这些面板的目的是为了让使用者能快速辨识传动组件并且很容易地找回它们及放归原处。

③ 安装存储抽屉单元。这个单元包括在面板上不易储存的或者含有油脂需要密封的组件。每个抽屉包含下列物品。抽屉 1：测量仪器，垫片和按键。抽屉2：零件，如垫片、螺栓、带、链等。抽屉 3：装配器具，扳手，旋具等。

（2）了解电动机控制箱安全开关的锁定/解锁方法。

（3）利用水平仪测量平面的水平度。把水平仪的底面放在工作面上，观测气泡位置，当气泡处于中心位置不动时为水平。将水平仪转 90°方向测量。

（4）电动机的安装、校准（含调水平、轴向跳动及径向跳动的测量）方法。

① 从储存抽屉单元找到六角头螺钉、调整垫圈、锁紧垫圈和螺母各四个。

② 找到常转速电动机并安装于工作表面。

③ 在轴面板 1 上找到常转速电动机的四个镀银支撑板。

④ 确定工作表面、电动机装配基座底部和支撑板清洁和没有毛刺。

⑤ 将银色支撑板与电动机脚对准，调整电动机到需要的高度。

⑥ 执行下列的步骤装配电动机:用装配螺钉、螺母和垫圈将电动机安装到工作表面。用 6 in(1 in＝25.4 mm)的尺子将电动机与工作表面边对准,调整电动机,使得它的两个脚到工作台表面的边距离相等。

⑦ 固定电动机:选择两个扳手按顺序进行预紧。注意不要把某一个螺钉固定过紧,以免引起电动机基座变形。

⑧ 执行下列步骤标定电动机轴:将水平仪放置在电动机轴上,观察气泡的位置。务必将水平仪放置在轴的光滑表面上,一些轴是阶梯轴,所以水平仪必须放置在其中一段水平表面上。拧松四个螺钉,在电动机的两只脚下填入垫片直到气泡处于中心位置,如果气泡向右边倾斜,用垫片填其左端,反之用垫片填右端。

如果已经水平,则进入下一步,否则继续改变垫片。

(5) 学会利用接触式转速表测量电动机转速。

5.5　V带传动装置、链传动装置、带式制动器及键连接的装配和校准

5.5.1　实验内容

(1) 键连接的安装与测量;
(2) 带式制动器安装与扭矩测量;
(3) V带传动装置装配和校准;
(4) 链传动装置装配和校准。

5.5.2　实验步骤

1. 键连接的安装与测量
(1) 认识键连接的基本几何参数、形状公差;
(2) 利用键坯制作一个符合要求的键;
(3) 利用键连接将轮毂安装到轴上。

2. 带式制动器的安装与测量
(1) 带式制动器安装(见图 5-2)。本步骤用键将电动机轴装配到制动带上。找到上面有两个螺孔的制动卷筒毂,用内六角扳手拧松顶上的两个螺钉,使得卷筒的两部分能适当分离,清洁键槽。找到配合的方键,将键滑到电动机轴上的键

图 5-2　电动机与制动器直连

槽中,摇动键检查键是否松动,如果松动,必须更换。将键从电动机轴上移走并将之放置在制动卷筒的键槽内,检查配合情况,如松动则要更换,如过紧则用手锉修配到合适。将键从制动卷筒的键槽内移出,放置于电动机轴上的键槽内,将之放置与轴的末端平齐。拿起制动器卷筒使其上的键槽与电动机轴上的键在一条直线上,将制动器卷筒滑入电动机轴,固紧卷筒上的两个螺钉。拉动卷筒检测其是否可靠地与轴连接。

(2) 安装带式制动器以测量轴的力矩。拧松制动器顶部的载荷螺母,制动器放置在工作台上,确定摩擦带保持在卷筒下方,找到四个内六角头螺钉与其垫片、螺母,安装制动器到工作表面。拧松电动机的紧固件,以便调整电动机位置使之与制动器的制动带接触,重新拧紧电动机上的紧固件。

(3) V带传动系统装配和校准。

① 计算带轮传动比。

② 计算带传动系统中轴的转速及力矩。

③ 安装并校准V带。执行下列步骤安装主动带轮:根据计算从带驱动板上找到两个带轮,使用内六角扳手拧出调整螺钉,使得其不扩展到轴孔中;清洁轴上键槽和带轮轮毂键槽,选择方键将键滑入轴上键槽中,检查是否配合;将键从轴上键槽滑出,滑入带轮轮毂的键槽中,检查是否配合。将键从带轮轮毂中滑出,滑入轴上,注意对齐。将轴装上带轮轮毂。将带轮轮毂滑入轴上,拧紧调整螺钉。拉动带轮检查是否装紧,重复类似步骤安装从动轮,装配好。将直角尺放置在从动轮表面与之平齐。主动轮必须调整到对齐从动轮,假如主动轮的表面也与直尺平齐,则两轮平齐。拧松电动机底座上的螺钉,移动电动机底座,拧紧装配螺钉,重新检查带轮是否对齐。找到计算的带轮,在完成对准检查后,拧松电动机的锁定螺钉,使得电动机可以在底座上移动,拧紧锁定螺钉并且重新检查带轮是否对准。反复调节直到带轮对齐。

④ 确定带张力的方法。使用带张紧测试仪测量带的张紧,步骤如下:检查带轮是否对齐,带张紧在带轮上。计算带的偏转量。找到张紧力测试器,将直尺放置在带上,直角边应该保持在带的顶部。将张紧力测试器放置在带的跨距中心,并且使之与带垂直;在张紧力测试器上施加一个向下的力,令带产生一定的偏移,读出力刻

图 5-3　带张紧力测量

度线上的读数(见图 5-3)。参考表 5-1,比较读数和计算值,如果读数在计算值范围之内,说明带已经调好,否则必须重新检查带的安装。

⑤ 使用电动机可调支撑座调整带的张力;执行下列步骤调整带的张紧度。稍微拧松电动机的防松螺母,使用扳手旋转可调底座上的调节螺母,重新拧紧防松螺母,重复步骤直到张紧正确。

⑥ 分析 V 带传动。打开电动机,使用测速仪测量电动机轴的转速和从动轴的转速,并记录下来。测量制动器在不同载荷时电动机的输入电流,改变电动机转速,记录电流值;加大制动带载荷,将读数记录在表 5-2 中。比较带传动电流读数和电动机轴直接与制动器相连时的电流读数。

表 5-1　测定张紧力所需垂直力　(单位:N)

带型		小带轮直径 d_1/mm	带速 v/(m/s)		
			0~10	10~20	20~30
普通 V 带	Z	50~100>100	5~7>7~10	4.2~6>6~8.5	3.5~5.5>5.5~7
	A	75~140>140	9.5~14>14~21	8~12>12~18	6.5~10>10~15
	B	125~200>200	18.5~28>28~42	15~22>22~33	12.5~18>18~27
	C	200~400>400	36~54>54~85	30~45>45~70	25~38>38~56
	D	355~600>600	74~108>108~162	62~94>94~140	50~75>75~108
	E	500~800>800	145~217>217~325	124~186>186~280	100~150>155~225

表 5-2　电动机电流与制动器力矩

	序号	电流/A	弹簧秤读数	扭矩/(N·m)	转速/(r/min)
负载	1				
	2				
	3				
空载					

(4) 链传动系统装配和校准。

① 计算链轮传动比、链传动系统中轴的转速及力矩。

② 滚子链传动系统的安装及校准(见图 5-4)。从链传动板 1 上找到 15 齿和 30 齿的链轮;检查 15 齿的链轮,并使用内六角扳手将调整螺钉拧出,使其不会伸出到轴孔中;选择 5×5 的平键,将键放入电动机轴上键槽中,并检查配合情况;将键从链轮轮毂中滑出,放入链轮的键槽中,并检查二者配合情况;再次将键从链轮中取出,放入轴上的键槽,并使其末端与电动机轴的端部对齐;将链轮的键槽对准电动机轴上的键,将链轮装在电动机轴上,使链轮端面与轴的端面平齐;拧紧调整链轮的螺钉,将链轮定位;按以上步骤将 30 齿从动链轮安装到从动轴上。将直尺

图 5-4 链传动

的棱边靠在从动链轮端面上,调整电动机可调支撑座的固定螺钉位置,使主动链轮端面与从动链轮端面对齐;拧松固定电动机的螺钉,旋转引导螺钉使电动机朝从动轴的方向移动;将链放在链轮上,移动电动机直到链接触不到工作平面,拧紧防松螺钉。

③ 确定链垂度的允许值。调整可调整底座直到链条张紧,使用卷尺测量两链轮轴中心距离,计算允许的中心跨距下垂量。使用可调整底座调整主动链轮的位置,使得链的下垂量处于上个步骤计算值的中间。

④ 测量、调整链的垂度。测量两链轮的中心距,计算允许的中心跨距偏差,将中心跨距分别乘以 0.04 和 0.06 作为范围的上下限,将中心跨距偏差除以 2 作为链的允许下垂量。使用直尺和直角尺测量链下垂量:用一只手顺时针方向转动从动链轮,另一只手固定住另一个链轮不让其转动,使链条张紧。放置直尺在链轮顶部,使直角尺一边垂直于直尺,并使其端部压紧链条上边,测量从链条顶部到直尺下部的距离。通过调整中心距来调整链的下垂量到给定值。

5.6 齿轮、轴承及联轴器的装配及校准

5.6.1 实验的内容

(1) 掌握轴承的安装与校准方法。

(2) 掌握联轴器的安装与校准方法。

(3) 掌握齿轮传动比、齿轮传动系统中轴的转速及力矩的计算方法。

(4) 掌握直齿圆柱齿轮传动系统的安装及校准方法。

(5) 掌握齿侧间隙的概念及其意义。

(6) 掌握齿侧间隙的确定及测量方法。

(7) 初步建立加工精度与噪声、运转速度与噪声关系的概念,能够确认齿轮合格件与非合格件。

5.6.2 实验步骤

(1) 测量轴的相关几何尺寸。

（2）滚动轴承的安装及校准（见图 5-5）。安装并调整滚动轴承和轴,大致步骤:在这个实验中,将安装 2 个滚动轴承,并且在两个轴承间装配轴。从轴板上将 4 个轴承支架拿下,这将用于提高轴承到正确的高度,放置 4 个轴承支架在工作台表面。从轴板上拿下 2 个带座轴承,将 1 个带座轴承放置在 2 个支架上,找到六角螺钉、弹簧垫圈、平垫圈和螺母各 4 个,将轴承固定在支架上面,不要拧紧;放置第 2 个带座轴承在另外两个支架上,固紧第 2 个带座轴承,不要拧紧。把轴装配在两个轴承间,步骤如下:在轴板上拿下长轴,将轴从两个轴承间穿过,调整轴使其在每个轴承外侧的露出长度大约 10 cm,拧紧每个轴承上的固定螺钉防止轴滑动。拧紧带座轴承的装配螺钉,转动轴观察其是否自由转动,若不能则重新调整。将水平仪放在轴上,观察上面气泡的位置,如果轴不水平,在带座的一端插入塞尺使得水平仪上气泡位于中间位置,拧紧螺钉,检查轴的水平,用手转动轴,轴能够自由转动。

（3）联轴器的安装及校准（见图 5-6）。安装一个联轴器用于连接电动机轴和上一步中装配完成的轴。拧松电动机紧固螺钉,将电动机向后滑动使得联轴器能够放入。检查联轴器键槽能否和键配合良好。将键放置在轴的端部,将一半联轴器的键槽对准电动机轴上的键,并将其滑入电动机轴上,将另一半联轴器安装到轴承所支撑的从动轴上;拧紧联轴器上的螺钉使其锁紧。移动电动机使联轴器齿间的空隙能插入弹性元件,将弹性元件插入联轴器块,移动电动机使得联轴器的两块啮合。调整空隙为 15 mm,然后拧紧电动机装配螺钉。

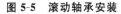

图 5-5　滚动轴承安装

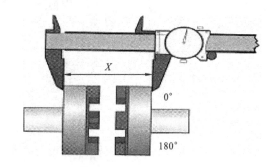

图 5-6　联轴器

（4）使用直角尺和塞尺对相连的两轴进行校准。执行下列步骤调整两联轴器块垂直面对准:在联轴器母线上画直线,标记此处为 0°位置。使用卡尺测量联轴器在 0°位置的轴向长度。旋转联轴器,测量联轴器在 180°位置的轴向长度,用两个测量值相减得到垂直面的不对准,这个联轴器的不对准值应该小于 0.5 mm;执行下列步骤调整联轴器水平方向对准:测量联轴器轮毂确定两个轮毂直径相同。旋转轮毂使得标记在顶部 0°的位置,放置直角尺在两联轴器轮毂的顶部与标记重合,将一片塞尺插入直角尺与较低轮毂的缝隙中。旋转标记到底部检测不对准值,如果在底部的测量值和在顶部的测量值相同,则需要在较低联轴器侧垫上与塞尺相同尺寸的垫片。如果测量值不同,取两个缝隙值的平均值作为垫片厚度。不对准值必须小于 0.5 mm。如果测量值小于这个值,那么继续下一步骤,否则重复以上步骤进行改进。

（5）计算齿轮传动比。

（6）计算齿轮传动系统中轴的转速及力矩。

（7）安装并校准直齿圆柱齿轮传动系统。

① 在齿轮驱动面板上找到标号为 4 和 5 的齿轮,检查两个齿轮是否清洁。

② 安装 4 号齿轮到主动轴上,安装步骤和安装制动器的轮毂的步骤相似。

③ 重复上一步安装 5 号齿轮到从动轴上。

④ 拧松压轴的螺钉,调整其位置,使得齿轮啮合。

⑤ 使用直尺检查齿轮的端面齐平,主动齿轮必须调整与从齿轮对齐。

⑥ 移动轴 1 到一个位置,使得齿轮的四条边都与齿轮接触,拧紧轴 1 的装配螺钉,在拧紧之后重新检查齿轮的边是否平齐。

（8）测量齿侧间隙(见图 5-7)。安装带磁性底座的刻度指示器,使得其探针接触从动齿轮的齿并且与齿成 90°角,调整探针稍微缩回但是仍然与齿轮接触,用手握住主动轴使其不能动,用手朝一个方向旋转从动轴直到从动齿轮的轮齿与主齿轮的轮齿接触,记录刻度表读数;用手朝另一方向旋转从动齿轮直到从动齿轮的齿与主动齿轮齿的另一侧接触,记录刻度表读数;通过两个读数相减计算齿隙:

$$齿隙＝读数 1－读数 2$$

图 5-7　齿侧间隙

（9）调整齿侧间隙到规定值:拧松主动轴的螺钉使得主动齿轮位置可以调整,调整主动齿轮的位置使其与从动齿轮更接近;重新检查齿轮是否对齐,如果有必要重新调整对齐;拧紧主动轴的装配螺钉,重新检查齿隙,记录新的值,如果超出了允许范围,重复步骤,直到其在允许范围为止。

（10）通过噪声的测量区别齿轮合格件与非合格件。

（11）整理工作。

① 按与装配相反的顺序拆卸,将存储面板上的零件原位放好。

② 检查清点仪器零件数目,将螺栓等零件放入零件抽屉;将扳手、旋具等放回工具抽屉;将水平仪、百分表等放回测量仪器抽屉。

③ 将电动机等零件设备放回存储柜。

④ 清理工作台面,保持清洁。

5.7　注意事项

（1）遵守实验室各项规章制度,爱护公物,保持环境卫生。

（2）实验时要注意安全,机器运行时切勿触及所有运动部件,特别是留长头发的同学务必注意防止头发卷入运动部件,以免受伤。

（3）敲打零件必须用软锤,防止损坏仪器设备。

（4）实验时禁止佩戴项链、领带等物品;袖口不过长,不要佩戴易被卷入机器的物品。

（5）实验完成后整理仪器零件,所有零件放回原处。

5.8　项目研究提示

本实验项目内容可作为提高设计、装配、调试、测量能力的实训系统。在熟悉和掌握实验装置提供的零部件和安装尺寸基础上,以带式制动器为工作机,设计传动系统,绘制完整的机械系统装配图,根据设计图样的技术要求,编写装配工艺规划,完成机械系统的装配和调整,实现设计图样的技术要求。

根据实验装置具备的条件,创新性地设计不同的传动系统,通过装配、调试和运转,测量传动系统的性能参数,比较不同传动系统的特点。

第6章

自动化机械装配综合实验

6.1 概述

机器是人类用以延伸人体功能,代替或减轻体力消耗,提高活动或工作效率与质量的主要工具。从专业的角度来看,机器是机构和装置的集合,以完成有用的机械功或者变换或传递能量、物料或信息。机构是各部分之间具有确定相对运动的人为实物的组合。装置是保障能量、物料或信息进行变换或传递的介质与人为实物的空间结构组合。

为了深入地观察和研究机器的原理与设计,应该考察和分析机器的构成。从运动学的角度看:传统的机器是由原动机、传动机和执行机构三部分组成的。随着近数十年科学和工程技术的高速发展,尤其是电子与计算机技术的突破性提高和普及,机器的自动化水平大大地提高了。由此,人们在现代机械设备的组成中又增添了控制装置作为第四部分。

机器的组成是极其复杂的,但再复杂的机器也必须由最基本的构成单元组成部件,再由这种单元和部件组成具有特定功能的部件总成,再把这些总成、部件等集成为一部完整的机器。机器的基本构成单元中,不可拆的基本单元称为机械零件,简称零件,是最小的制造单元。如机器中常见的螺钉、键、轴、带轮、齿轮等都是零件。为实现某种功能组合在一起,并协同工作的若干零件的组合称为部件。如滚动轴承、链、联轴器等都是部件。机械零件也常常用来泛指零件和部件。各种机器都普遍使用的机械零件,称为通用零件。按功能它又被分为连接零件、传动零件、轴系零件、其他零件四大类。只在特定类型的机器中使用的机械零件称为专用零件。

通常把对机器传动系统的研究、设计视为研究与设计机器的基础。传动系统的作用是传递动力与运动,变换运动速度或方式,以满足机器功能的具体要求。

现代机械设备中主要的传动方式有机械传动、流体传动和电力传动等三种,其中机械传动是一种最基本的传动方式,应用较为普遍。机械传动也有许多类型,按传递运动和动力的方式,其分类如图 6-1 所示。

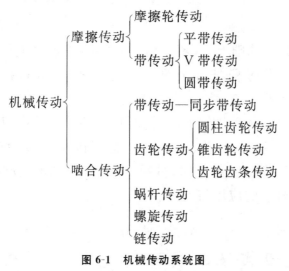

图 6-1　机械传动系统图

6.2　实验目的

（1）认识、了解先进的、柔性的、模块化的、完整的、可扩展的机光电气液压一体化全自动装配生产线模型(也称机光电气液压一体化柔性实训系统)及其功能和流程,从而加强对现代化、综合性全自动生产线及设备的感性认识。

（2）观察、统计在机光电气液压一体化全自动装配生产线模型的各模块中出现的机械传动的种类和数量,由此感受机械传动在现代化、综合性全自动生产线中的重要作用及其工作条件、结构特点、运用技巧等。

（3）通过观察、测定在机光电气液压一体化全自动装配生产线模型的各模块中出现的部分机械传动的性能特点、运动参数、结构尺寸等具体内容,并加以分析、对比、评价,来加深对常见的、典型机械传动(如带传动、齿轮传动、蜗杆传动、链传动等)的工作原理、性能特点、适用场合的理解。

（4）经过本认知实验过程的实施,初步了解、认识对复杂的综合性机械设备及系统等进行观察、分析、评价的基本方法,从而加深对机械、机器及其构成和机械零件及其类型等概念的理解与掌握。

（5）通过密切接触、观察现代化的、形象生动的、饶有趣味的机光电气液压一体化全自动装配生产线模型,提高对本课程乃至本专业的学习兴趣,激发学习积极性。

6.3　实验内容

（1）在预习充分的基础上，观察正常工作的机光电气液压一体化全自动装配生产线模型完整的工作过程，归纳整理出其主要的工序及过程。

（2）在静止状态下，观察、统计在机光电气液压一体化全自动装配生产线模型的各模块中出现的机械传动装置的种类和数量，并分析其作用。

（3）分别选取上述的带传动、齿轮传动、蜗杆传动、链传动装置各一个，结合它在全自动装配生产线模型中的作用，分析、评价该传动的工作原理、性能特点、适用场合等是否得到合理的应用与发挥。

6.4　实验设备及工具

（1）机光电气液压一体化全自动装配生产线模型（也称 Me093399 型机光电气液压一体化柔性实训系统）。

（2）计时器（如秒表等）三套。

（3）量具（钢板尺、游标卡尺）三套。

6.5　实验设备的工作原理和结构

6.5.1　机光电气液压一体化全自动装配生产线模型的工作原理

Me093399 型机光电气液压一体化全自动装配生产线模型是一套模拟现代化工厂的自动装配、检测生产过程的实体模型教学系统。它综合了多项现代工业生产技术，把先进的计算机控制技术、测试与传感器技术、现代化生产中的组态控制技术、电气系统的工业总线技术、机械、电力、气动、液压等传动技术有机地集成起来，模拟实际的全自动装配工艺过程。把塑料制的箱形主体零件和上盖用销钉连接，并进行合格检验，不合格产品由废品单元送入废品箱；合格产品则按检测到的销钉材质分别存入高架立体仓库的相应位置。

该生产线模型采用了柔性的模块化设计，利用机光电气液压多种传动、检测方式和程序控制等技术,模拟完成现代化的全自动装配过程,具有过程完整,组合灵活、极易扩展的特点。可根据学生的实际水平和具体的研究内容进行多种实验和训练。

6.5.2　机光电气液压一体化全自动装配生产线模型的结构

Me093399 型机光电气液压一体化全自动装配生产线模型采用铝合金结构件为系统的基本操作平台,由计算机程序控制,利用机光电气液压多种传动、检测方式模拟完成实际的全自动装配过程。这其中包含了大量的机械传动的巧妙运用,构成了许多功效显著的传动装置。整个系统的结构组成采用了柔性的模块化单元结构,按功能主要分为六个部分:即主体零件备料部分,主体零件装配部分,检测、分拣部分,废品处理部分,提升、仓储部分和移动部分。

(1)主体零件备料部分:由上料单元、下料单元等组成,负责先把箱形主体零件放入位置较高的下料单元料仓,当托盘移动到位后,再将主体工件落到托盘上,准备进入下一工序。

上料单元结构如图 6-2 所示,由两个齿轮齿条传动装置驱动扬臂,完成主要动作。

下料单元结构如图 6-3 所示,由槽轮机构和位置较高的料仓构成,主体零件靠重力落入到下面的托盘上。

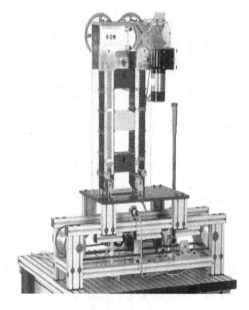

图 6-2　上料单元　　　　　　　　　　　　　图 6-3　下料单元

(2)主体零件装配部分:具体由加盖单元、穿销钉单元等组成,负责把上盖零件从料槽中取出并放置在箱形主体零件上,再穿入销钉加以连接。

　　加盖单元结构如图 6-4 所示,主要由电动机驱动蜗轮蜗杆减速机,再带动连杆机构等运动,完成取、放上盖零件的动作。

　　穿销钉单元结构如图 6-5 所示,主要包括旋转式推筒装置等,由气动完成穿销钉的动作,实现装配连接。

图 6-4　加盖单元　　　　　　　　　　　　　图 6-5　穿销钉单元

　　(3) 检测、分拣部分:由检测单元、分拣单元等组成,负责对装配好的产品进行检测,测定其是否合格,并检测合格品的销钉材质。对不合格品,分拣单元将把它拣入废品处理部分;对合格品,分拣单元将把它拣入下一工序。托盘则继续循环至下一过程。

　　分拣单元结构如图 6-6 所示,主要由水平移动气缸、垂直移动气缸和摆动气缸构成气动机械手等装置,按检测单元的信号由程序控制完成分拣动作。

　　(4) 废品处理部分:主要由废料处理单元等组成,其功能是把分拣单元拣出的不合格品送入废料箱。

　　(5) 提升、仓储部分:主要由提升单元和高架叠层立体仓库单元等组成。把前面分拣单元拣出的合格品按销钉材质(金属的与非金属的)不同分别送入立体仓库的相应位置。

　　提升单元和高架叠层立体仓库单元的结构如图 6-7 所示,主要由主体框架、提升装置、升降电动机、传动螺旋、同步传动带、仓储框架、齿轮齿条传动等装置组成。把装配合格的工件提升、移动到相应的仓储位置。

　　(6) 移动部分:主要由直线单元、转角单元等构成。其功能就是把工件或托盘在水平面内平稳地输送到相应位置。它往往和其他各部分、各单元组合,起到相互连接的作用,构成整个自动化装配系统。还可根据安装现场的场地情况和其他方面的要求,调整移动部分的直线单元和转角单元等的构成,形成不同形式的自动化装配系统。

图 6-6　分拣单元

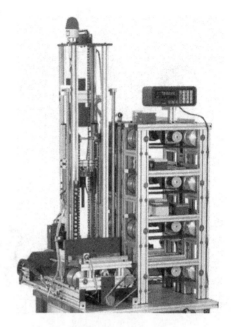

图 6-7　提升单元和高架叠层立体仓库单元

直线单元是本系统的基本单元之一,有 O 形带直线传动、扁平带直线传动、链条滚轮传动等多种形式,直线单元的典型结构如图 6-8 所示,是由直流电动机作驱动源,主动轮通过同步链条带动从动轮转动,并通过链条驱动连动轮,用张紧轮装置保持传送 O 形带、平带或者链条的张力均匀,达到平稳传送物料的目的。

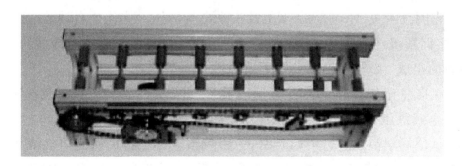

图 6-8　直线单元

转角单元也是本系统的重要连接单元之一,其功能是改变输送的工件或托盘在水平面内移动的方向,90°转向单元在自动生产线中,也是一种基本单元,运用十分普遍。转角单元是一个无动力的从动单元,它的转动是靠转角单元的外链轮用 O 形带串联起来,无须单独驱动即可换向,其典型结构如图 6-9 所示。

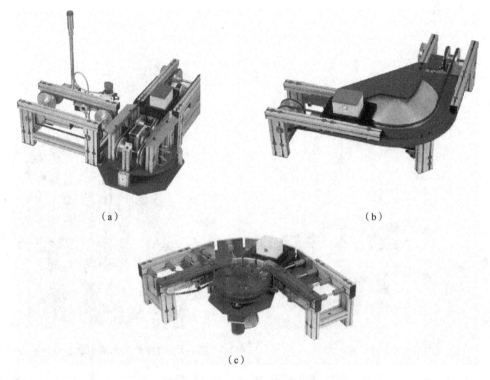

（a）   （b）

（c）

图 6-9   三种典型的转角单元

6.6   实验步骤

（1）先阅读有关 Me093399 型柔性机光电气液压一体化全自动装配生产线模型（或称实训系统）的结构、原理和操作规程的介绍展板，并听取指导教师的讲解，熟悉设备的组成、工作原理、工作过程和注意事项。

（2）在准备充分的情况下，启动整套设备，进入正常运行。指导教师实时介绍柔性机光电气液压一体化全自动装配生产线模型的工作过程。

（3）每位同学都要一边听取介绍，一边观察正常工作的机光电气液压一体化全自动装配生产线模型完整的工作过程，并观察、认识装配生产线模型中各模块的功能及主要机械动作。

（4）关闭整套设备，归纳整理其主要的工序及过程，并记录在实验报告上。

（5）在整套设备静止的状态下，逐个单元观察、清点各模块中出现的机械传动装置的种类和数量，一一记入实验报告，并考虑、分析其具体作用。

（6）从以上装置中分别选择带传动、齿轮传动、蜗杆传动、链传动装置各一个，结合它们在全自动装配生产线模型和单元模块中的作用，观察、分析该传动装置的工作原理、性能特点,并测定其主要的结构参数和尺寸。

(7)必要的话,重新启动机光电气液压一体化全自动装配生产线模型,以测定所选择机械传动的主要运动参数。

(8)关闭整套设备。继续观察、分析该传动装置的工作原理、性能特点、适用场合,评价该设备的优势是否在该系统中得到了合理发挥。

(9)实验结束,应整理实验工具,清理场地,关闭电源。

6.7 项目研究提示

全自动机械装配综合实验涵盖光机电气液一体化技术,既有丰富的机械设计内容,又涉及多种测控技术。在项目研究过程中可通过认识、测绘、分析、设计的过程,掌握消化吸收再创新的基本方法。

通过观察正常工作的机光电气液压一体化全自动装配生产线模型完整的工作过程,归纳整理出其主要的工序及过程;在静止状态下,观察、统计在机光电气液压一体化全自动装配生产线模型各模块中出现的机械传动的种类和数量,并分析其作用;分别选取上述的带传动、齿轮传动、蜗杆传动、链传动装置各一个,结合它在全自动装配生产线模型中的作用,分析、判断该传动的工作原理、性能特点、适用场合等是否得到合理的应用与发挥;分析系统中所采用的各种机械机构,选取某一模块,分析其机构的运动学、动力学特性,设计能满足目前工程功能需求的机构、结构。

在上述研究的基础上,选取全自动机械装配生产线中的典型功能模块,分析其完成的基本功能,在满足模块功能需求的基础上,进行功能模块的创新设计。

第7章
润滑油黏度测定综合实验

▓ 7.1　概述 ▓

　　黏度是反映润滑油的润滑性能的重要指标。润滑油和所有的流体一样都具有黏性，即流体内部具有抵抗相对运动或变形的性质，这是由流体分子间相对运动所产生的内摩擦力引起的。黏性的大小用黏度表示。

　　工程上的黏度有绝对黏度和条件黏度两类，绝对黏度又分为动力黏度和运动黏度两种，条件黏度又有恩氏（C. Engler）黏度、雷氏（B. Redwood）黏度和赛氏（G. M. Saybolt）黏度三种。

7.1.1　动力黏度

　　如图 7-1 所示，在充满不可压缩流体的两平行平板模型中，上板以速度 u_0 沿 x 方向移动，使黏附在移动板上的流体以同样的速度 u_0 随之移动；下板静止，则黏附在静止板上的流体也随之静止。这样在两平行平板间沿 y 轴各流体薄层将以不同的速度 u 沿 x 方向移动，即流体在两平行平板间的流场中呈层流流动。由黏性流体的牛顿内摩擦定律，各流体薄层之间的剪应力 τ 与流体各薄层的速度 u 沿 y 轴的变化率 $\dfrac{du}{dy}$（即速度梯度）成正比，即

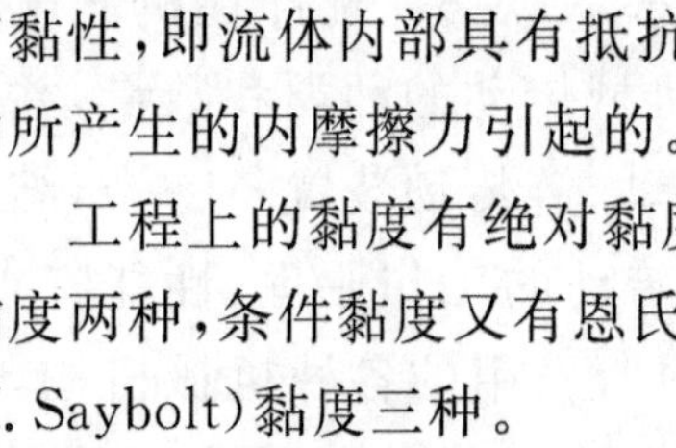

$$\tau = -\mu \frac{du}{dy} \qquad (7\text{-}1)$$

式中：μ——该流体的动力黏度。动力黏度主要用于流体力学及相关学科的理论分析和计算。在流体力学中，符合式（7-1）所描述的规律的流体被称

图 7-1　流体流动的速度分布

为牛顿流体,工程上大量使用的润滑油一般属于此类。

动力黏度的国际单位为帕·秒(Pa·s)。其含义如图 7-1 所示,若使面积各为 1 m² 并相距 1 m 的两平行流体层间产生 1 m/s 的相对移动速度时,需施加的力为 1 N,则该流体的动力黏度就是 1 Pa·s,也可表示为 1 N·s/m²。另外还常用到动力黏度的物理单位泊(P)和厘泊(cP),1 泊(P)等于 1 dyn·s/cm²,1 厘泊(cP)为百分之一泊(P)。各单位间的换算关系为

$$1\ Pa\cdot s = 10\ P = 1000\ cP \tag{7-2}$$

流体的黏度受温度的影响十分明显,因为黏度是由流体分子间的相互作用力引起的,而温度对这种作用力的影响很大,故温度就成了影响流体黏度的最主要因素。

对多数润滑油而言,温度升高,内能增大,分子间的距离增大,引力减小,结果使润滑油的黏度降低。对于具体的润滑油,这种黏度随温度变化而变化的规律用坐标曲线表示出来,就称为该润滑油的黏温曲线。

压力也是影响流体黏度的重要因素。润滑油的黏度随压力升高而增大,但通常当压力低于 5 MPa 时,黏度随压力的变化较小,可忽略不计。

7.1.2　运动黏度

某种流体的动力黏度 μ 与同一温度下其密度 ρ 的比值称为该流体的运动黏度,记为 ν。即

$$\nu = \frac{\mu}{\rho} \tag{7-3}$$

运动黏度 ν 的国际单位是 m²/s。它的物理单位是斯(St),1 St=1 cm²/s,工程上常用其百分之一作为润滑油黏度的基本计量单位,称为厘斯(cSt)。它们之间的换算关系为

$$1\ m^2/s = 10^4\ St = 10^6\ cSt \tag{7-4}$$

运动黏度主要用于工业生产中的黏度计量,我国国家标准规定用运动黏度来表示润滑油的黏度这一重要的润滑性能指标。

7.1.3　条件黏度

条件黏度又称相对黏度,它是指用条件黏度计测得的流体的黏度。我国常用的条件黏度是恩氏黏度,记为°E。它是指 200 mL 的被测流体在规定的温度 T 下流出恩氏黏度计的时间 $t_T(s)$ 与同体积的蒸馏水在 20 ℃时流出恩氏黏度计的时间 $t_{sk}(s)$ 之比。也称为恩格勒(Engler)黏度。

恩氏黏度的测量设备较简单,操作方便,故应用广泛。恩氏黏度与运动黏度

可按有关手册的图表或式(7-5)换算。

$$\begin{cases} \nu=8.0°\text{E}-8.64/°\text{E}(\text{cSt}) & (1.35<°\text{E}\leqslant3.2) \\ \nu=7.6°\text{E}-4.0/°\text{E}(\text{cSt}) & (°\text{E}>3.2) \end{cases} \tag{7-5}$$

条件黏度还有雷氏黏度和赛氏黏度,因使用较少,故不一一介绍。

7.1.4　液体黏度的测试方法

液体黏度的测试方法和所用黏度计的种类很多。按其测试原理,常用的方法有三大类。

1. 流出测试法

它是根据一定量的液体在重力的作用下经小孔或细管流出时,所用的时间与液体的黏度有关的原理来测定黏度的。测试设备中,典型的有毛细管黏度计、恩氏黏度计等。

2. 旋转测试法

当圆柱、圆盘和圆锥等轴对称物体在液体中旋转时,根据其受液体作用的切应力所形成的摩擦力矩与液体的黏度有关的原理来测定该液体的黏度。如旋转黏度计(见图7-2)等即应用了旋转测试原理。

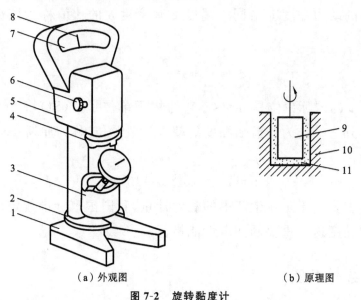

(a)外观图　　　　　　　　　　(b)原理图

图 7-2　旋转黏度计

1—机座;2—托架;3—测定器;4—第一单元测定器夹具;5—同步电动机;

6—调零螺钉;7—刻度盘;8—指针;9—内桶;10—外桶;11—润滑油

3. 落体测试法

它是根据物体在重力作用下落入液体中时,它在液体中的运动速度与液体的黏度有关的原理来测定该液体黏度的一种测试方法。像落球黏度计、落筒黏度计等均应用了落体测试原理。

7.2 实验目的

（1）测量给定润滑油的恩氏黏度，并利用公式换算出它的运动黏度，由此来加深对黏度的各种表达方式的定义、单位及其相互之间的关系的认识。

（2）了解、熟悉 WNE-1B 型恩氏黏度计的测试原理及其结构、性能，掌握其使用方法。

（3）观察、测定被测润滑油在不同温度下的黏度，以增加对黏度随温度变化的感性认识，并通过绘制该润滑油的黏-温特性曲线，来加深对润滑油的黏-温特性等性质的理解。

（4）观察、认识其他常用黏度计（如 SYD-265D-1 型运动黏度计、NDJ-79 型旋转黏度计、QNQ 型落球黏度计等）的测试原理、结构特点、使用方法和适用场合。

7.3 实验内容

（1）测定润滑油在规定温度下的恩氏黏度。
（2）测定不同温度下润滑油的恩氏黏度，作其黏-温特性曲线。

7.4 实验仪器及材料

（1）WNE-1B 型恩氏黏度计。
（2）清洗剂（如丙酮、酒精或航空汽油等），擦洗用纸、软布等。
（3）试油：600 mL 的被测润滑油。

7.5 恩氏黏度计结构和工作原理

7.5.1 恩氏黏度计结构

如图 7-3 所示，传统的恩氏黏度计主要由四部分构成。

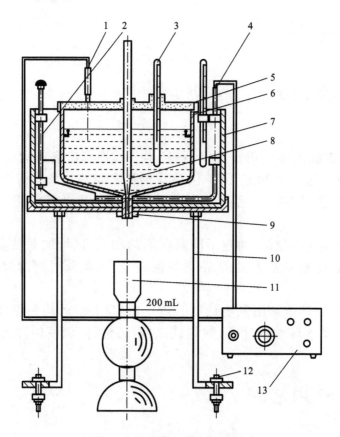

图 7-3　恩氏黏度计的结构简图

1—控温仪探头；2—手动搅拌器；3—水银温度计；4—水浴电加热器；5—试液杯盖；6—试液杯（内锅）；

7—水浴杯（外锅）；8—木塞杆；9—流出管；10—支撑脚；11—计量瓶（接受瓶）；12—调节螺钉；13—控温仪

（1）试液杯及流出管：试液杯用来装被测液体，内部设有三个标志尖，用于指示规定容量（＞200 mL）的液面高度。同时，通过调节支撑脚上的调节螺钉，使标志尖与液面平齐；保证液体流出管处于铅垂位置。液体流出管内壁光滑，可用木塞杆堵塞，以控制流出孔的启闭。试液杯配有盖子，盖中央的孔插木塞杆，侧孔插水银温度计。

（2）水浴杯及支架：水浴杯一般为铝制，内装试液杯，液体流出管从中央贯穿底部。水浴杯内还设有控温仪探头、水浴电加热器、搅拌器、酒精水浴温度计，以便控制、均匀加热水浴。水浴杯由有三个支撑脚的支架支撑，各支撑脚上设有调节螺钉。

（3）计量瓶：有精确刻度的玻璃变颈瓶，供计量、接收流出的被测液体。

（4）温控装置：由控温仪、控温仪探头、水浴电加热器、酒精水浴温度计、水银被测液体温度计等组成。

WNE-1B型恩氏黏度计把数显的温控和计时集成在一个控制台上，设有两套试液杯及流出管、计量瓶、计时器等（称为双管），可同时对两个试样进行测试，自动取平均值，是一种新型高效黏度计。

7.5.2　恩氏黏度计工作原理

用温控装置和水浴杯,将不锈钢试液杯中一定量的被测液体均匀加热至要求的温度 T。在温度均匀、稳定的状态下,使被测液体经处于铅垂的流出管流到下边的计量瓶中,同时用计时器和计量瓶记录流出的被测液体恰好为 200 mL 所用的时间 t_T。该时间 t_T 与在 20 ℃温度下同体积的蒸馏水流出黏度计所用的时间 t_{sk}(一般黏度计出厂时给定,多为 51±1 s)的比就是该被测液体在温度 T 时的恩氏黏度 $°E_T$。即

$$°E_T = \frac{t_T}{t_{sk}} \tag{7-6}$$

7.6　实验步骤

(1) 用清洗剂清洗试液杯内壁及流出管,并用软布擦拭干净。

(2) 分别用木塞杆堵塞两套试液杯的流出管,然后将试液(约 250 mL)分别注入黏度计的两个试液杯中至标志尖处,调节仪器下方四脚处的调整螺钉,使三个标志尖与液面保持平齐。盖上试液杯盖。

(3) 在黏度计的水浴杯中注入水至试液杯上部的扩大部分为止。

(4) 调节温控仪的设定温度至要求的温度,具体是:在控制面板上先按一下"SET"键,左侧温控显示屏中下方的"设定温度"数字显示窗开始闪烁,此时可通过操作移位键"<"、加键"▲"和减键"▼",把设定温度调至要求的温度值 T,最后再按一下"SET"键完成设定。

(5) 打开"加热"和"搅拌"开关,接通电路,开始加热水浴,并开动搅拌器使水浴均匀升温。

(6) 检查控制面板右侧并排设置的两个"计时"数字显示窗,并操作"复位"按钮使其显示"0000"。

(7) 为观察清楚,打开"照明"开关,并把两只洗净烘干的计量瓶置于流出管下。

(8) 待试液杯中的试油温度被加热到要求的温度值 T(此时控制面板左侧温控显示屏中上方的"测量温度"数字显示窗也显示温度值 T)后,提起左侧的木塞杆放油,同时按"左计时"按钮开始计时,当流入计量瓶的试油油面处于 200 mL 刻度的瞬间,再按"左计时"按钮停止计时。即得到一个温度 T 下的时间读数 t_{T1},并显示在"左计时"数字显示窗中。同样对右侧的设备重复以上操作,可得第二个时

间读数 t_{T2}。再任意按动"计时"按钮一次,则显示两侧的平均值。记录相关数据,作为计算恩氏黏度 $°E_T$ 的依据。

(9) 调整改变温度,重复上述步骤,测定各规定温度下的时间读数 t。

(10) 由公式(7-6)计算得各温度下的恩氏黏度 $°E$。

(11) 由公式(7-5)或借助于其他资料,换算出该液体在各温度下的运动黏度。

(12) 以温度为横坐标、黏度为纵坐标,作出其黏-温曲线。

(13) 试验结束,整理、清洗试验仪器,并清理场地。

▉ 7.7　项目研究提示 ▉

润滑油黏度测量可作为实验研究项目,通过采用不同测试方法及仪器测试润滑油黏度,分析各测试方法的特点及应用场合,实测润滑油的黏-温曲线,并拟合黏-温关系式。结合滑动轴承综合实验和数值分析,研究润滑油黏度对滑动轴承动压润滑油膜的形成、承载能力和黏性发热等性能的影响规律。

第8章

机构运动参数测试综合实验

8.1 概述

利用本实验的实验装置,只需拆装少量零部件,即可分别构成四种典型的传动系统:曲柄滑块机构、导杆机构、平底直动从动件凸轮机构和滚子直动从动件凸轮机构。而每一种机构的某一些参数,如曲柄长度、连杆长度、滚子偏心等都可在一定范围内做一些调整,学生通过拆装及调整可加深对机械结构本身特点的了解,更好地认识参数改动对整个运动状态的影响。

8.2 实验目的

(1)通过实验,了解位移、速度、加速度的测定方法,转速及回转不匀率的测定方法。

(2)通过实验,初步了解 QTD-Ⅲ 型组合机构实验台及光电脉冲编码器、同步脉冲发生器(或称角度传感器)的基本原理,并掌握它们的使用方法。

(3)比较理论运动线图与实测运动线图的差异,并分析其原因,增加对速度特别是加速度的感性认识。

(4)比较曲柄滑块机构与导杆机构的性能差别。

(5)检测凸轮直动从动件的运动规律。

(6)比较不同凸轮轮廓线或接触副对从动件运动规律的影响。

8.3 实验设备

(1)实验机构:曲柄滑块导杆凸轮组合机构。

（2）QTD-Ⅲ型组合机构实验仪（单片机控制系统）。

（3）打印机。

（4）个人计算机一台。

（5）光电脉冲编码器。

（6）同步脉冲发生器（或称角度传感器）。

8.4　实验台结构和工作原理

8.4.1　实验机构

本实验配套的为曲柄滑块机构及导杆机构和凸轮机构，其原动力采用直流调速电动机，电动机转速可在 0～3000 r/min 范围做无级调速，经蜗杆蜗轮减速器减速，机构的曲柄转速为 0～100 r/min。

利用往复运动的滑块推动光电脉冲编码器，输出与滑块位移相当的脉冲信号，经测试仪处理后将可得到滑块的位移、速度及加速度。图 8-1（a）所示为曲柄滑块机构的结构形式；图 8-1（b）所示为导杆机构的结构形式；图 8-1（c）、（d）所示为凸轮机构的结构形式，其中后者是由前者经过简单改装而得到的，在本实验机

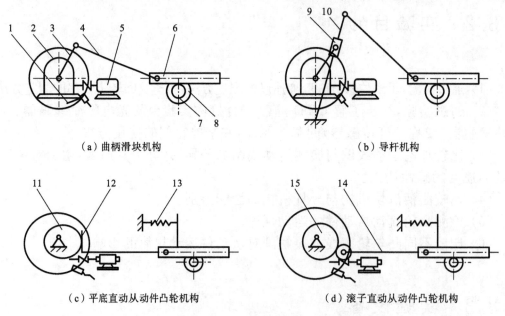

（a）曲柄滑块机构　　　　　　　　　　　　　　　（b）导杆机构

（c）平底直动从动件凸轮机构　　　　　　　　　　（d）滚子直动从动件凸轮机构

图 8-1　平面机构简图

1—同步脉冲发生器；2—蜗轮减速器；3—曲柄；4—连杆；5—电动机；6—滑块；7—齿轮；8—光电脉冲编码器；
9—导块；10—导杆；11—凸轮；12—平底直动从动件；13—恢复弹簧；14—滚子直动从动件；15—光栅盘

构中已配有改装所必备的零件。

8.4.2　QTD-Ⅲ型组合机构实验仪

此实验仪的外形结构如图 8-2 所示,图 8-2(a)所示为正面结构,图 8-2(b)所示为背面结构。

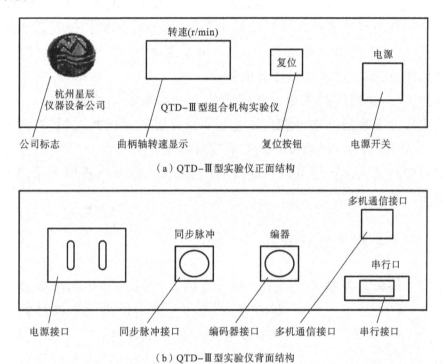

（a）QTD-Ⅲ型实验仪正面结构

（b）QTD-Ⅲ型实验仪背面结构

图 8-2　实验仪器外形

以 QTD-Ⅲ型组合机构实验仪为主体的整个测试系统的原理框图如图 8-3 所示。

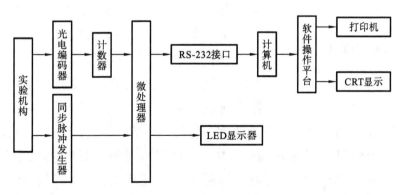

图 8-3　测试系统的原理框图

本实验仪由单片机最小系统组成。外扩 16 位计数器,接有 3 位 LED 显示数码管,可实时显示机构运动时的曲柄轴的转速,同时可与计算机进行异步串行通信。

在实验机械动态运动过程中,滑块的往复移动通过光电脉冲编码器转换输出具有一定频率(频率与滑块往复速度成正比),0~5 V 电平的两路脉冲,接入微处理器外扩的计数器计数,通过微处理器进行初步处理运算并送入计算机进行处理,计算机通过软件系统在 CRT 显示屏上可显示出相应的数据和运动曲线图。

机构中还有两路信号送入单片机最小系统,那就是角度传感器送出的两路脉冲信号。其中:一路是码盘角度脉冲,用于定角度采样,获取机构运动曲线;另一路是零位脉冲,用于标定采样数据时的零点位置。

机构的速度、加速度数值由位移经数值微分和数字滤波得到。与传统的 RC 电路测量法或分别采用位移、速度、加速度测量仪器的系统相比,具有测试系统简单,性能稳定可靠、附加相位差小、动态响应好等优点。

本实验仪测试结果不但可以以曲线形式输出,还可以以直接打印出各点数值的形式输出。

8.4.3　光电脉冲编码器

光电脉冲编码器结构原理见图 8-4。光电脉冲编码器又称增量式光电编码器,它是采用圆光栅通过光电转换将轴转角位移转换成电脉冲信号的器件。它由发光体、聚光透镜、光电盘、光阑板、光敏管和光电整形放大电路组成。光电盘和光阑板用玻璃材料经研磨、抛光制成。在光电盘上用照相腐蚀法制成一组径向光栅,而光阑板上有两组透光条纹,每组透光条纹后都装有一个光敏管,它们与光电盘透光条纹的重合差 1/4 周期。光源发出的光线经聚光镜聚光后,发出平行光。当主轴带动光电盘一起转动时,光敏管就接收到光线亮、暗变化的信号,引起光敏管所通过的电流发生变化,输出两路相位差 90°的近似正弦波信号,它们经放大、整形后得到两路相差 90°的主波 d 和 d'。d 路信号经微分后加到两个与非门输入端作为触发门信号;d' 路经反相器反相后得到两个相反的方波信号,分送到与非门剩下的两个输入端作为门控信号。与非门的输出端即为光电脉冲编码器的输出信号端,可与双时钟可逆计数的加、减触发端相接。当编码器转向为正时(如顺时针),微分器取出 d 的前沿 A,与非门 1 打开,输出一负脉冲,计数器作加计数;当转向为负时,微分器取出 d 的加一前沿 B,与非门 2

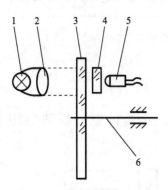

图 8-4　光电脉冲编码器结构原理图

1—发光体;2—聚光透镜;3—光电盘;

4—光阑板;5—光敏管;6—主轴

打开,输出一负脉冲,计数器作减计数。某一时刻计数器的计数值,即表示该时刻光电盘(即主轴)相对于光敏管位置的角位移量(见图 8-5 和图 8-6)。

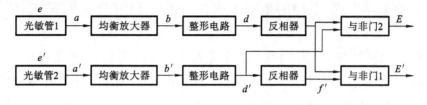

图 8-5　光电脉冲编码器、电路原理框图

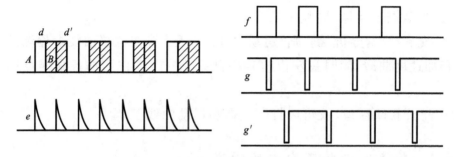

图 8-6　光电脉冲编码器电路各点信号波形图

8.5　操作步骤

8.5.1　滑块位移、速度、加速度测量

(1) 将光电脉冲编码器输出的五芯插头及同步脉冲发生器输出的五芯插头分别插入测试仪上相对应接口。

(2) 把串行传输线一头插在计算机任一串口上,另一头插在实验仪的串口上。

(3) 打开 QTD-Ⅲ 组合机构实验仪上的电源,此时带有 LED 数码管显示的面板上将显示"0"。

(4) 打开个人计算机,并保证已连接了打印机。

(5) 启动机构,在机构电源接通前应将电动机调速电位器逆时针旋转至最低速位置,然后接通电源,并顺时针转动调速电位器,使转速逐渐加至所需的值(否则易烧断熔丝,甚至损坏调速器),显示面板上实时显示曲柄轴的转速。

(6) 机构运转正常后,就可在计算机上启动系统软件。

(7) 先熟悉系统软件的界面及各项操作的功能(请参阅操作系统软件简介)。

(8) 选择好串口,并在弹出的采样参数设置区内选择相应的采样方式和采样常数。可以选择定时采样方式,采样的时间常数有 10 个选择挡(分别是 2 ms、5 ms、10 ms、15 ms、20 ms、25 ms、30 ms、35 ms、40 ms、50 ms),比如选 25 ms;也可以选择定角采样方式,采样的角度常数有 5 个选择挡(分别是 2°、4°、6°、8°、10°),比如选择 4°。

(9) 按下"采样"按键,开始采样(等待若干时间,此时测试仪将在接收到计算机的指令时对机构运动采样,并回送采集的数据给计算机,计算机对收到的数据进行一定的处理,得到运动的位移值)。

(10) 当采样完成时,在界面将出现"运动曲线绘制区",绘制当前的位移曲线,且在左边的"数据显示区"内显示采样的数据。

(11) 按下"数据分析"键,则"运动曲线绘制区"将在位移曲线上逐渐绘出相应的速度和加速度曲线,同时在左边的"数据显示区"内也将增加各采样点的速度和加速度值。

(12) 打开打印窗口,就可以打印数据和运动曲线了。

8.5.2 转速及回转不匀率的测试

(1) 同"滑块位移、速度、加速度测量"的(1)至(7)步。

(2) 选择好串口,在弹出的采样参数设计区内,选择最右边的一栏,角度常数选择有 5 挡(2°、4°、6°、8°、10°),选择所需要的一挡,比如选择 6°。

(3) 同"滑块位移、速度、加速度测量"的(9)、(10)、(11)步,不同的是"数据显示区"不显示相应的数据。

(4) 打印。

8.6 项目研究提示

(1) 基于机构运动参数测试综合实验,研究机构参数对从动件运动规律的影响,系统分析实验误差,建立与实验机构参数一致的机构仿真分析模型并进行动力学仿真分析,以实验结果进行验证,扩大仿真分析的参数范围,总结机构参数变化的影响规律。

(2) 针对曲柄滑块机构,考虑回转副具有微小间隙,对机构进行动力学分析,并基于 Archard 磨损模型,研究机构运动参数对回转副磨损规律的影响。

第9章

机构组合创新设计实验

9.1　概述

　　成功的设计往往始于方案的创新,而机械运动方案的选择至今缺乏实用化的理论导向。本实验的核心是以机构运动方案创新实验装置为设计手段,学生使用实验装置的零件,进行拼接组合调整,从而让学生自己构思创新、试凑选型机械设计方案,亲手按比例组装成实物模型,动态演示、观察机构的运动情况,通过直观调整布局、连接方式及尺寸来验证和改进设计,直到该模型机构能灵活、可靠地按照设计要求运动到位,最终使学生用实验方法自行确定切实可行、性能较优的机械设计方案和参数,也就是通过创意实验-模拟实施环节来培养学生的创新动手能力。

9.2　实验目的

　　(1)加深学生对机构组成理论的认识,熟悉杆组概念,为机构创新设计奠定良好的基础。

　　(2)利用若干不同的杆组,拼接各种不同的平面机构,以培养学生的机构运动创新设计意识及综合设计能力。

　　(3)培养学生的工程实践动手能力。

9.3　实验设备

9.3.1　机构运动方案创新设计实验台零件及主要功用

实验台零件及主要功用参看"机构运动方案创新设计实验台零部件清单"。

1——凸轮和高副锁紧弹簧:凸轮基圆半径为 18 mm,从动推杆的行程为 30 mm。从动件的位移曲线是升-回型,且遵循正弦加速度运动规律;凸轮与从动件的高副形成是依靠弹簧力的锁合。(钢印号:1)

2——齿轮:模数 2,压力角 20°,齿数 34(钢印号:2-1)或 42(钢印号:2-2),两齿轮中心距为 76 mm。

3——齿条:模数 2,压力角 20°,单根齿条全长为 422 mm(钢印号:3)。

4——槽轮拨盘:两个主动销(钢印号:4)。

5——槽轮:四槽。(钢印号:5)

6——扁头(主动)轴:动力输入用轴,轴上有平键槽(钢印号:6-1 至 6-5)。

7——转动副轴(或滑块)-3:主要用于跨层面(即非相邻平面)的转动副或移动副的形成(钢印号:7-1 至 7-3)。

8——扁头轴:又称从动轴,轴上无键槽,主要起支撑及传递运动的作用(钢印号:8-1 至 8-5)。

9——主动滑块插件:与主动滑块座配用,形成做往复运动的滑块(主动构件)(钢印号:9-1,9-2)。

10——主动滑块座:与直线电动机齿条固连形成主动构件,且随直线电动机齿条做往复直线运动。(钢印号:10)

11——连杆(或滑块导向杆):其长槽与滑块形成移动副,其圆孔与轴形成转动副(钢印号:11-1 至 11-7)。

12——压紧连杆用特制垫片:固定连杆时用。

13——转动副轴(或滑块)-2:与固定转轴块 20 配用时,可在连杆长槽的某一选定位置形成转动副。(钢印号:13-1,13-2)

14——转动副轴(或滑块)-1:用于与两构件形成转动副。(钢印号:14,14-1)

15——带垫片螺栓:规格 M6,转动副轴与连杆之间构成转动副或移动副时用带垫片螺栓连接(钢印号:15)。

16——压紧螺栓:规格 M6,转动副轴与连杆形成同一构件时用该压紧螺栓连接(钢印号:16)。

　　17——运动构件层面限位套:用于不同构件运动平面之间的距离限定,避免发生运动构件间的运动干涉。(钢印号:17-1 至 17-5)

　　18——带轮:主动轴带轮,用于传递旋转主动运动(钢印号:18)。

　　19——盘杆转动轴:盘类零件(如零件 1 、零件 2)与其他构件(如连杆)构成转动副时用(钢印号:19-1,19-2,19-3)。

　　20——固定转轴块:用螺栓 21 将固定转轴块锁紧在连杆长槽上,转动副轴(或滑块)13 可与该连杆在选定位置形成转动副(钢印号:20)。

　　21——加长连杆和固定凸轮弹簧用螺栓、螺母:用于锁紧连接件。

　　22——曲柄双连杆部件:偏心轮与活动圆环形成转动副,且已制作成一组合件(钢印号:22)。

　　23——齿条导向板:将齿条夹紧在两块齿条导向板之间,可保证齿轮与齿条的正常啮合(钢印号:23)。

　　24——转滑副轴:轴的扁头主要用于两构件形成转动副;轴的圆头用于两构件形成移动副。

　　25——安装电动机座、行程开关座用内六角螺栓、平垫。

　　26——内六角螺栓(M6)。

　　27——内六角紧定螺钉(M6)。

　　28——滑块。

　　29——实验台机架。

　　30——立柱垫圈($\phi 9$)。

　　31——锁紧滑块方螺母(M6)。

　　32——T 形螺母(M8)。

　　33——光槽开关支座。

　　34——平垫片($\phi 17$),防脱螺母(M12)。

　　35——转速电动机座。

　　36——直线电动机座。

　　37——平键(3×15)。

　　38——直线电动机控制器。

　　39——同步带(圆形)。

　　40——直线电动机、旋转电动机。直线电动机:10 mm/s。直线电动机安装在实验台机架底部,并可沿机架底部的长槽移动。直线电动机的长齿条即为机构输入直线运动的主动件。在实验中,允许齿条单方向的最大直线位移为 290 mm,实验者可根据主动滑块的位移量(即直线电动机的齿条位移量)确定两光槽行程开关的相对间距,并且将两光槽行程开关的最大安装间距限制在 290 mm 范围内。

直线电动机控制器:参见如图 9-1、图 9-2 所示的控制器前、后面板。本控制器采用电子组合设计方式,控制电路采用低压电子集成电路和微型密封功率继电器,并采用光槽作为行程开关,极具使用安全性。控制器的前面板为 LED 显示方式,当控制器的前面板与操作者是面对面的位置关系时,控制器上的发光管指示直线电动机齿条的位移方向。控制器的后面板上置有电源引出线及开关、与直线电动机相连的四芯插座、与光槽行程开关相连的五芯插座和 2A 熔丝管座。

图 9-1   控制器的前面板

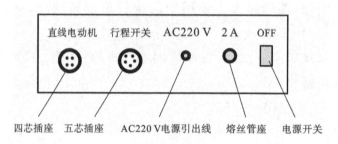

图 9-2   控制器的后面板

直线电动机控制器使用注意事项:① 必须在直线电动机控制器的外接 220 V 交流电源断开状态下进行其他外接线的连线工作,严禁带电进行连线操作;② 直线电动机外接线上串接有连线塑料盒,严禁挤压、摔打该塑料盒,以防塑料盒破损造成触电事故发生;③ 若出现行程开关失灵情况,请立即切断直线电动机控制器的外接电源。

旋转电动机:10 r/min,旋转电动机安装在实验台机架底部,并可沿机架底部的长形槽移动电动机。电动机上连有 AC 220 V、50 Hz 的电源线及插头,连线上串接有连线盒及电源开关。

旋转电动机控制器使用注意事项:旋转电动机外接连线上串接有连线塑料盒,严禁挤压、摔打该塑盒,使用时轻拿轻放,以防塑盒破损造成触电事故发生。

9.3.2   工具

M5、M6 、M8 内六角扳手、6 in 或 8 in 活动扳手、1 m 卷尺、笔和纸。

9.4　实验台结构和工作原理

9.4.1　实验台机架

实验台机架(见图 9-3)有 5 根铅垂立柱,它们可沿 X 方向移动。移动时请用双手扶稳立柱,并尽可能使立柱在移动过程中保持铅垂状态,这样便可以轻松推动立柱。立柱移动到预定的位置后,将立柱上、下两端的螺栓锁紧(安全注意事项:不允许将立柱上、下两端的螺栓卸下,在移动立柱前将螺栓拧松即可)。立柱上的滑块可沿 Y 方向移动。将滑块移动到预定的位置后,用螺栓将滑块锁紧在立柱上。按上述方法即可在 X、Y 平面内确定活动构件相对机架的连接位置。面对操作者的机架铅垂面称为拼接起始参考面或操作面。

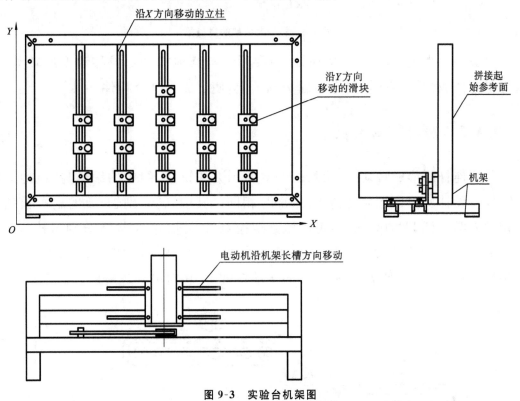

图 9-3　实验台机架图

9.4.2　轴相对机架的拼接

图 9-4 所示为轴相对机架的拼接示意图,图示中的编号与"机构运动方案创

新设计实验台零部件清单"中序号相同。有螺纹端的轴颈可以插入滑块 28 上的铜套孔内,通过平垫片、防脱螺母 34 的连接与机架形成转动副或与机架固定。若按图 9-4 拼接后,轴 6 或 8 相对机架固定;若不使用平垫片 34 ,则轴 6 或 8 相对机架做旋转运动。拼接者可根据需要确定是否使用平垫片 34 。

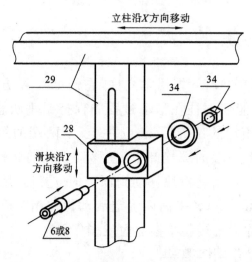

图 9-4　轴相对机架的拼接图

扁头轴 6 为主动轴,8 为从动轴,主要用于与其他构件形成移动副或转动副,也可将连杆或盘类零件等固定在扁头轴颈上,使之成为一个构件。

9.4.3　转动副的拼接

若两连杆间形成转动副,可按图 9-5 所示方式拼接,图中的编号与"机构运动方案创新设计实验台零部件清单"中序号相同。其中,转动副轴 14 的扁平轴颈可分别插入两连杆 11 的圆孔内,再用压紧螺栓 16 和带垫片螺栓 15 分别与转动副轴 14 两端面上的螺孔连接。这样,有一根连杆被压紧螺栓 16 固定在转动副轴 14 的轴颈处,而与带垫片螺栓 15 相连接的转动副轴 14 相对另一连杆转动。

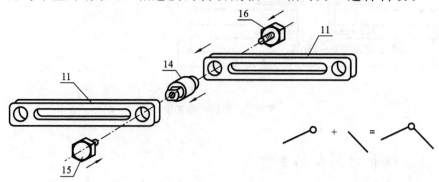

图 9-5　转动副拼接图

提示:根据实际拼接层面的需要,件 14 可用件 7 转动副轴-3 替代,由于件 7 的轴颈较长,此时需选用相应的运动构件层面限位套 17 对构件的运动层面进行限位。

9.4.4　移动副的拼接

如图 9-6 所示,转动副轴 14 的扁平轴颈插入连杆 11 的长槽中,通过带垫片的螺栓 15 的连接,转动副轴 14 可与连杆 11 形成移动副。

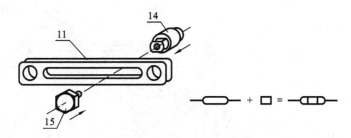

图 9-6　移动副的拼接

提示:转动副轴 14 的另一端扁平轴颈可与其他构件形成转动副或移动副。

另外一种形成移动副的拼接方式如图 9-7 所示。选用两根轴(6 或 8),将轴固定在机架上,再将连杆 11 的长槽插入两轴的扁平轴颈上,旋入带垫片螺栓 15,则连杆在两轴的支撑下相对机架做往复移动。

提示:根据实际拼接的需要,若选用的轴颈较长,此时需选用相应的运动构件层面限位套 17 对构件的运动层面进行限位。

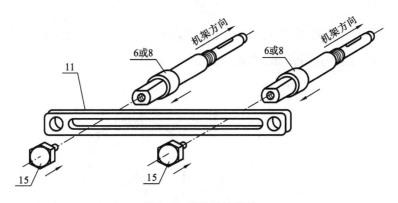

图 9-7　移动副的拼接

9.4.5　滑块与连杆组成转动副和移动副的拼接

如图 9-8 所示的拼接效果是转动副轴 13 的扁平轴颈处与连杆 11 形成移动副,图中的编号与"机构运动方案创新设计实验台零部件清单"中序号相同。在固定转轴块 20、21 的帮助下,转动副轴 13 的圆轴颈处与另一连杆在连杆长槽的某一位置形成转动副。首先用螺栓、螺母 21 将固定转轴块 20 锁定在连杆 11 上,再将转动副轴 13 的圆轴端穿插入固定转轴块 20 的圆孔及连杆 11 的长槽中,用带垫片的螺栓 15 旋入转动副轴 13 的圆轴颈端面的螺孔中,这样转动副轴 13 与连杆 11 形成转动副。将转动副轴 13 的扁头轴颈插入另一连杆的长槽中,将螺栓 15 旋入滑块 13 的扁平轴端面螺孔中,这样转动副轴 13 与另一连杆 11 形成移动副。

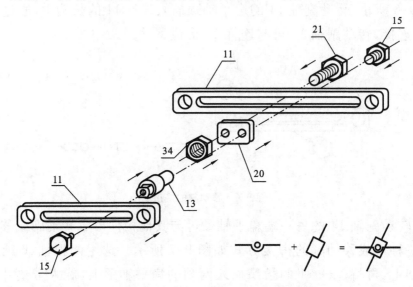

图 9-8　滑块与连杆组成转动副、移动副的拼接

9.4.6　齿轮与轴的拼接

如图 9-9 所示,齿轮 2 装入轴 6 或轴 8 时,应紧靠轴(或运动构件层面限位套 17)的根部,以防止造成构件的运动层面距离的累积误差,图示中的编号与"机构

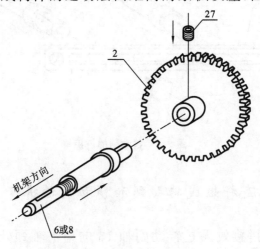

图 9-9　齿轮与轴的拼接图

运动方案创新设计实验台零部件清单"中序号相同。按图示连接好后,用内六角紧定螺钉 27 将齿轮固定在轴上(注意:螺钉应压紧在轴的平面上)。这样,齿轮与轴形成一个构件。

若不用内六角紧定螺钉 27 将齿轮固定在轴上,欲使齿轮相对轴转动,则选用带垫片螺栓 15 旋入轴端面的螺孔内即可。

9.4.7　齿轮与连杆形成转动副的拼接

如图 9-10 所示齿轮与连杆形成转动副的拼接,图示中的编号与"机构运动方案创新设计实验台零部件清单"中序号相同。连杆 11 与齿轮 2 形成转动副。视所选用盘杆转动轴 19 的轴颈长度不同,决定是否需用运动构件层面限位套 17。

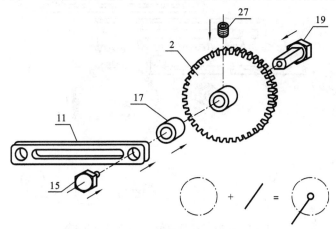

图 9-10　齿轮与连杆形成转动副的拼接

若选用轴颈长度 $L=35$ mm 的盘杆转动轴 19,则可组成双联齿轮,并与连杆形成转动副,参见图 9-11;若选用 $L=45$ mm 的盘杆转动轴 19,同样可以组成双

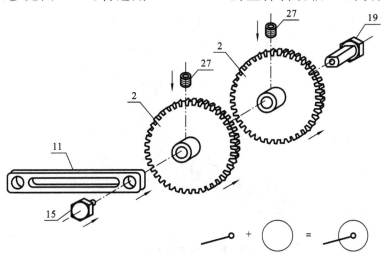

图 9-11　齿轮与连杆形成转动副的拼接

联齿轮,与前者不同是要在盘杆转动轴 19 上加装一个运动构件层面限位套 17。

9.4.8　齿条护板与齿条、齿条与齿轮的拼接

如图 9-12 所示,图示中的编号与"机构运动方案创新设计实验台零部件清单"中序号相同。当齿轮相对齿条啮合时,若不使用齿条导向板,则齿轮在运动时会脱离齿条。为避免此种情况发生,在拼接齿轮与齿条啮合运动方案时,需选用两根齿条导向板 23 和螺栓、螺母 21 按图示方法进行拼接。

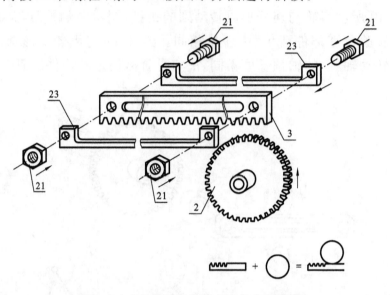

图 9-12　齿轮护板与齿条、齿条与齿轮的拼接

9.4.9　凸轮与轴的拼接

按图 9-13 所示拼接好后,凸轮 1 与轴 6 或 8 形成一个构件。图示中的编号与"机构运动方案创新设计实验台零部件清单"中序号相同。

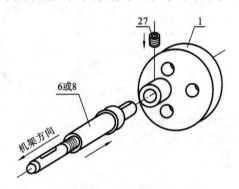

图 9-13　凸轮与轴的拼接

若不用内六角紧定螺钉 27 将凸轮固定在轴上,而选用带垫片螺栓 15,将其旋入轴端面的螺孔内,则凸轮相对轴转动。

9.4.10　凸轮高副的拼接

图 9-14 为凸轮高副拼接示意图,图中的编号与"机构运动方案创新设计实验台零部件清单"中序号相同。首先将轴 6 或 8 与机架相连。然后分别将凸轮 1、从动件连杆 11 拼接到相应的轴上去。用内六角螺钉 27 将凸轮紧定在轴 6 上,凸轮 1 与轴 6 形成一个运动构件;将带垫片螺栓 15 旋入轴 8 端面的螺孔中,连杆 11 相对轴 8 做往复移动。高副锁紧弹簧的小耳环用件 21 固定在从动杆连杆上,大耳环的安装方式可根据拼接情况自定,必须注意弹簧的大耳环安装好后,弹簧不能随运动构件转动,否则弹簧会被缠绕在转轴上而不能工作。

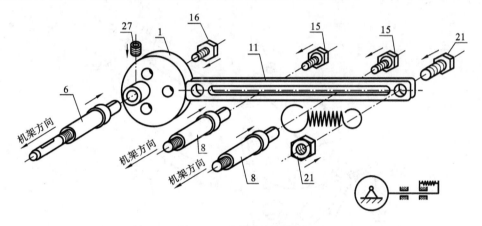

图 9-14　凸轮高副的拼接

提示:用于支撑连杆的两轴间的距离应与连杆的移动距离(凸轮的最大升程为 30 mm)相匹配。欲使凸轮相对轴的安装更牢固,还可在轴端面的内螺孔中加装压紧螺栓 15。

9.4.11　曲柄双连杆部件的使用

图 9-15 中曲柄双连杆部件 22 由一个偏心轮和一个活动圆环组合而成。在拼接类似蒸汽机机构运动方案时,需要用到曲柄双连杆部件,否则会产生运动干涉。欲将一根连杆与偏心轮形成同一构件,可将该连杆与偏心轮固定在同一根轴 6 或 8 上。

9.4.12　槽轮副的拼接

图 9-16 所示为槽轮副的拼接示意图,图示中的编号与"机构运动方案创新设

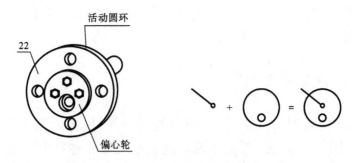

图 9-15　曲柄双连杆部件的使用

计实验台零部件清单"中序号相同。通过调整两轴 6 或 8 的间距使槽轮的运动传递灵活。

　　提示：为使盘类零件相对轴更牢靠地固定，除使用内六角螺钉 27 紧固外，还可加用压紧螺栓 16。

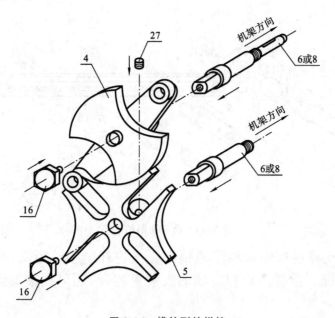

图 9-16　槽轮副的拼接

9.4.13　滑块导向杆相对机架的拼接

　　如图 9-17 所示，图示中的编号与"机构运动方案创新设计实验台零部件清单"中序号相同。将轴 6 或 8 插入滑块 28 的轴孔中，用平垫片、防脱螺母 34 将轴 6 或 8 固定在机架 29 上，并使轴颈平面平行于直线电动机齿条的运动平面，以保证主动滑块插件 9 的中心轴线与直线电动机齿条的中心轴线相互垂直，且在一个运动平面内；将滑块导向杆 11 通过压紧螺栓 16 固定在轴 6 或 8 的轴颈上。这样，滑块导向杆 11 与机架 29 即成为一个构件。

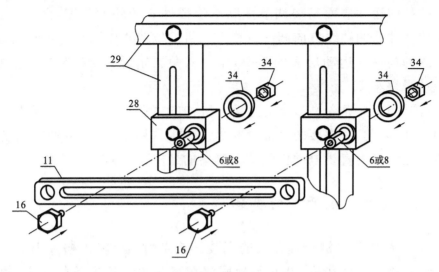

图 9-17　滑块导向杆相对机架的拼接

9.4.14　主动滑块与直线电动机齿条的拼接

　　输入主动运动为直线运动的构件称为主动滑块。主动滑块相对直线电动机的安装如图 9-18 所示,图示中的编号与"机构运动方案创新设计实验台零部件清单"中序号相同。首先将主动滑块座 10 套在直线电动机的齿条上(为了避免直线电动机齿条不脱离电动机主体,建议将主动滑块座固定在电动机齿条的端头位置),再将主动滑块插件 9 上只有一个平面的轴颈端插入主动滑块座 10 的内孔中,有两个平面的轴颈端插入起支撑作用的连杆 11 的长槽中(这样可使主动滑块不做悬臂运动),然后,将主动滑块座调整至水平状态,直至主动滑块插件 9 相对连杆 11 的长槽能做灵活的往复直线运动为止,此时用内六角螺栓 26 将主动滑块座固定。起支撑作用的连杆 11 固定在机架 29 上的拼接方法参看图 9-17。最后,

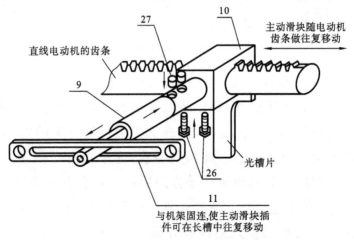

图 9-18　主动滑块与直线电动机齿条的拼接

根据外接构件的运动层面需要调节主动滑块插件 9 的外伸长度(必要的情况下,沿主动滑块插件 9 的轴线方向调整直线电动机的位置),以满足与主动滑块插件 9 形成运动副的构件的运动层面的需要,用内六角紧定螺钉 27 将主动滑块插件 9 固定在主动滑块座 10 上。

提示:图 9-18 所拼接的部分仅为某一机构的主动运动部分,后续拼接的构件还将占用空间,因此,在拼接图示部分时尽量减少占用空间,以方便往后的拼接需要。具体的做法是将直线电动机固定在机架的最左边或最右边位置。

9.4.15　光槽行程开关的安装

如图 9-19 所示为光槽行程开关的安装。首先用螺钉将光槽片固定在主动滑块座 10 上;再将主动滑块座 10 水平地固定在直线电动机齿条的端头;然后用内六角螺钉将光槽行程开关固定在实验台机架底部的长槽上,且使光槽片能顺利通过光槽行程开关,也即光槽片处在光槽间隙之间,这样可保证光槽行程开关有效工作而不被光槽片撞坏。

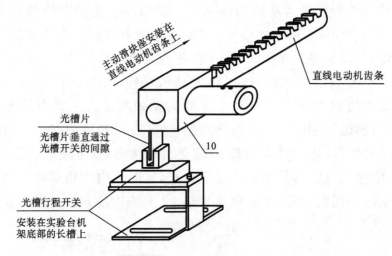

图 9-19　光槽行程开关的安装

在固定光槽行程开关前,应调试光槽行程开关的控制方向与电动机齿条的往复运动方向和谐一致。具体操作:操作者拿一可遮挡光线的薄片(相当于光槽片)间断插入或抽出光槽行程开关的光槽,以确认光槽行程开关的安装方位与光槽行程开关所控制的电动机齿条运动方向协调一致;确保光槽行程开关的安装方位与光槽行程开关所控制的电动机齿条运动方向协调一致后方可固定光槽行程开关。

操作者应注意:直线电动机齿条的单方向位移量控制是通过改变上述一对光槽行程开关的间距来实现的。光槽行程开关之间的安装间距即为直线电动机齿条在单方向的行程,一对光槽行程开关的安装间距要求不超过 290 mm。由于主动滑块座需要靠连杆支撑(见图 9-18),也即主动滑块是在连杆的长孔范围内做往复运动,而最长连杆(钢印号 11-7)上的长孔尺寸小于 300 mm,因此,一对光槽行程开关的安装间距不能超过 290 mm,否则会造成人身和设备的安全事故。

9.5　操作步骤

(1) 根据上述实验设备及工具的内容介绍,熟悉实验设备的零件组成及零件功用。

(2) 自拟机构运动方案,将拟定的机构运动方案根据机构组成原理按杆组进行正确拆分,并用机构运动简图表示。

(3) 记录由实验得到的机构运动学尺寸。

根据拟定或由实验中获得的机构运动学尺寸,利用机构运动方案创新设计实验台提供的零件,按机构运动的传递顺序进行拼接。拼接时,首先要分清机构中各构件所占据的运动平面,其目的是避免各运动构件发生运动干涉。然后,以实验台机架铅垂面为拼接的起始参考面,按预定拼接计划进行拼接。拼接中应注意各构件的运动平面是平行的,所拼接机构的外伸运动层面数愈少,机构运动愈平稳,为此,建议机构中各构件的运动层面以交错层的排列方式进行拼接。

9.6　项目研究提示

本实验可作为实验研究项目,进行以下几方面的研究工作。

(1) 结合工程实例,设计典型机构方案,搭建实验机构进行机构可行性实验验证,提出机构运动学与动力学性能测试实验方案,仿真分析机构特性。

本实验可搭建以下典型机构:

- 导杆齿轮齿条机构;
- 多杆行程放大机构;
- 实现给定轨迹的机构;
- 压包机;
- 飞剪;
- 单缸汽油机;
- 内燃机;
- 颚式破碎机;

- 泵用转动导杆机构；
- 摄影升降机；
- 具有急回特性的四杆机构；
- 近似匀速输出的往复运动机构；
- 可扩大行程机构；
- 织布开口机；
- 曲柄摇杆型插床机构；
- 缝纫机导线、导针机构；
- 压力表指示机构；
- 搅拌机机构；
- 送纸机构；
- 卡片穿孔机机构；
- 蒸汽机机构；
- 自动车床送料机构；
- 缝纫机摆梭六杆机构；
- 双摆杆摆角放大机构；
- 转动导杆与凸轮放大升程机构；
- 起重机机构；
- 冲压送料机构；
- 铸锭送料机构；
- 插床的插销机构；
- 插齿机主传动机构；
- 刨床导杆机构；
- 碎矿机机构；
- 曲柄增力机构；
- 曲柄滑块机构与齿轮齿条机构的组合机构；
- 电影放映机抓片曲柄摇杆机构；
- 搅拌机四杆机构；
- 椭圆仪曲柄滑块机构；
- 加压机构的保险装置；
- 曲柄滑块式送料装置；
- 曲柄摇杆与摇杆滑块机构；
- 槽轮机构与导杆机构；
- 汽车窗雨刷机构；

● 凸轮起重机构。

（2）针对典型机构，结合其在机械产品中的具体应用，进行机构设计和结构的强度计算、仿真分析，并进行结构设计，绘制产品图样。

第10章
滚动轴承承载状态测试分析综合实验

10.1 概述

滚动轴承是重要的机械基础部件，是由专门企业生产的标准件。在机械设计中，只需根据工作条件选用合适的滚动轴承类型和尺寸进行组合设计。

滚动轴承根据承载能力的不同可分为承受径向负荷为主的向心轴承和承受轴向负荷为主的推力轴承。根据公称接触角的大小，向心轴承可分为径向接触和向心角接触轴承。向心轴承在通过轴线的轴向负荷作用下，可以认为各滚动体承受相同的负荷。在纯径向负荷 F_r 的作用下（见图 10-1），如果假定内、外圈的几何形状改变，则由于它们与滚动体接触处产生局部的弹性变形，内圈沿 F_r 方向下移位移 δ，位于上半圈的滚动体不承载，而下半圈的滚动体承受不同的负荷。处于 F_r 作用线上的接触点处接触载荷最大，向两边逐渐减小。各滚动

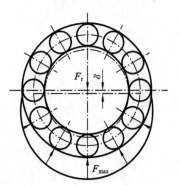

图 10-1　径向负荷分布

体从开始受力到受力终止所对应的区域叫做承载区。各滚动体接触处的弹性变形量和接触载荷可以根据变形协调关系计算。

由于滚动轴承存在一定的游隙，故由径向负荷 F_r 产生的承载范围将小于 $180°$。也就是说，不是下半圈滚动体全部受载。但如果同时作用有一定的轴向负荷，可以使承载区扩大。

在滚动轴承工作过程中，滚动体和内圈（或外圈）不断转动，滚动体与滚道接触表面受交变接触应力，接触表面易产生疲劳点蚀。点蚀发生后，滚动轴承的噪声和振动加剧，导致轴承失效。疲劳点蚀是滚动轴承的主要失效形式之一。

向心角接触轴承承受径向负荷 F_r 时，由于接触角的存在会产生内部轴向力，

内部轴向力的大小可根据轴承所承受的径向负荷、轴承类型和接触角的大小计算,内部轴向力的方向是使内、外圈分离的方向。由于向心角接触轴承承受径向负荷时会产生内部轴向力,在轴承组合设计时一般成对使用,反向安装。

　　在承受径向和轴向负荷的作用下,成对安装的深沟球轴承、向心角接触滚动轴承所受的轴向负荷,可以根据轴系的轴向力平衡关系计算。根据轴承类型,由轴承所受的径向负荷和轴向负荷,可以进行滚动轴承的当量动负荷和轴承寿命计算。

10.2　实验目的

　　(1) 通过实验,了解和掌握滚动轴承径向载荷分布及变化,测试在总径向载荷和轴向载荷作用下,滚动轴承径向载荷分布及变化情况,特别是轴向载荷对滚动轴承径向载荷分布的影响,并作出载荷分布曲线。

　　(2) 通过实验,了解和掌握滚动轴承元件上动态载荷测量实验,实测滚动轴承元件上的载荷随时间的变化情况,并作出变化曲线。

　　(3) 通过实验,了解和掌握滚动轴承组合设计实验,测试滚动轴承组合由径向负荷产生的内部轴向负荷、轴向负荷和总轴向负荷的关系,并进行滚动轴承组合设计计算。

10.3　实验设备简介

10.3.1　实验台系统组成

　　GZ-50A 双控滚动轴承承载状态测试分析实验台为综合创新性实验设备,主要由机械系统、控制系统和测试分析系统组成。实验台系统框图如图 10-2 所示。

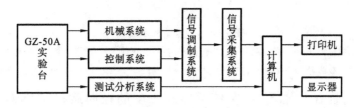

图 10-2　实验台系统组成

10.3.2 实验台机械系统结构

实验台机械系统结构示意图如图 10-3(a)所示,外形如图 10-3(b)所示。启动电动机 1(静态测试时不启动电动机),径向加载装置 5 调节至设定作用点且逐步加载,左、右传感器座 4 中的滚动轴承处于工作状态。施加于主轴 6 上的径向载荷传输至滚动轴承的滚动体,滚动体所受之力通过活塞传输给传感器座 4 中的径向载荷传感器,经控制器到计算机,通过计算机屏幕显示各种受力状态的数据、曲线和图表;同时,右轴向载荷传感器 10、左轴向载荷传感器 13 测量出由径向载荷产生的内部轴向载荷。移动径向加载装置 5,改变径向载荷作用点,左、右传感器座 4 中的滚动轴承受力状态将随之改变,由此可测试获得各种不同工况下的技术参数、曲线和图表。

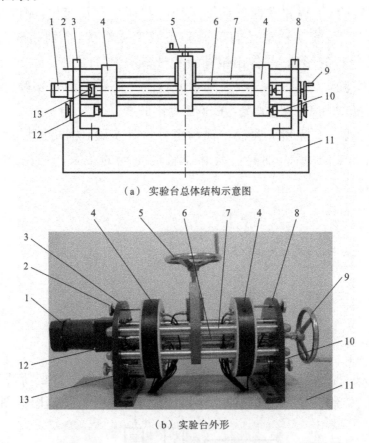

(a) 实验台总体结构示意图

(b) 实验台外形

图 10-3 总体结构示意图

1—电动机;2—限位顶杆;3—左支座;4—左、右传感器座;5—径向加载装置;6—主轴;7—导杆;8—右支座;
9—轴向加载装置;10—右轴向载荷传感器;11—机座;12—联轴器;13—左轴向传载荷传感器

当轴向加载装置 9 加载时,左传感器座 4 中的径向载荷传感器测量出由轴向加载时产生的径向分力信号,左、右轴向载荷传感器 10、13 测量出滚动轴承所承受轴向载荷和总轴向载荷。

10.3.3　主要技术指标和特点

被测滚动轴承公称直径 $D=50$ mm；滚动轴承跨距 $L=300$ mm；最大总径向载荷 $P_1=10000$ N；最大总轴向载荷 $P_2=10000$ N；左、右滚动轴承径向载荷传感器量程为 5000 N，测量精度为 0.5 N；左、右滚动轴承轴向载荷传感器量程为 10000 N；电动机功率为 180 W；实验台外廓尺寸为 500 mm×1200 mm×1200 mm。

实验台基本配置：① 圆锥滚子轴承 30310 或深沟球轴承 6310；② 可移动滚动轴承座 1 对；③ 滚动轴承径向加载装置 1 套，加载作用点位置可在轴向（0～130 mm）任意调节；④ 滚动轴承径向载荷传感器精度为 0.05 N，量程为 5000 N，数量为 16 个；⑤ 总径向载荷传感器 1 个，量程为 10000 N；⑥ 轴向载荷传感器 3 个，量程为 10000 N；⑦ 微型电动机 YYJ90-180W，额定功率为 180 W，额定转速为 10 r/min。

本实验台具有以下性能特点：① 可直接测量滚动体对外圈的压力变化情况；② 可任意调节径向载荷受力点（0～130 mm 范围）；③ 可通过计算机测绘滚动轴承在轴向、径向载荷作用下轴承径向载荷分布变化情况；④ 可通过计算机测绘滚动体内、外圈载荷变化曲线；⑤ 可通过计算机计算单个滚动轴承轴向载荷与总轴向载荷的关系，并与理论计算结果进行比较分析。

10.4　实验步骤

（1）实验之前，仔细阅读使用说明书，检查径向分布传感器紧定螺栓是否松动；用专用内六角扳手拧紧，以不动为宜。

（2）检查电源插头、信号电缆插头是否牢固，按下控制面板上"电源"按键，检查电压表是否有电显示；按下"信号"按键计算机屏幕中才能有传感信号数据显示。

（3）打开计算机，按照软件程序要求操作。将每路传感器施加适当的预紧力，确保各传感器受载状态正常；每做一项实验之前，必须"空载调零"，做完一项试验之后，必须及时卸载，避免传感器长时间受载而影响性能和使用寿命。

（4）测试静载荷"径向分布"模块时，轴承滚珠之一必须对准下方的准线，才能测试正确的分布规律和分布曲线，计算机中显示的数据不正确即是未对准，按"点动"按钮或用手辅助旋转主轴重新操作至对准为止。

（5）测试静载荷"径向分布"。打开软件主界面，单击空载调零选定测试对象，将径向加载装置调至设定位置，并逐渐加载，测试静态加载时，总径向载荷最大加至 1000（10 N）为限，如图 10-4 所示界面。

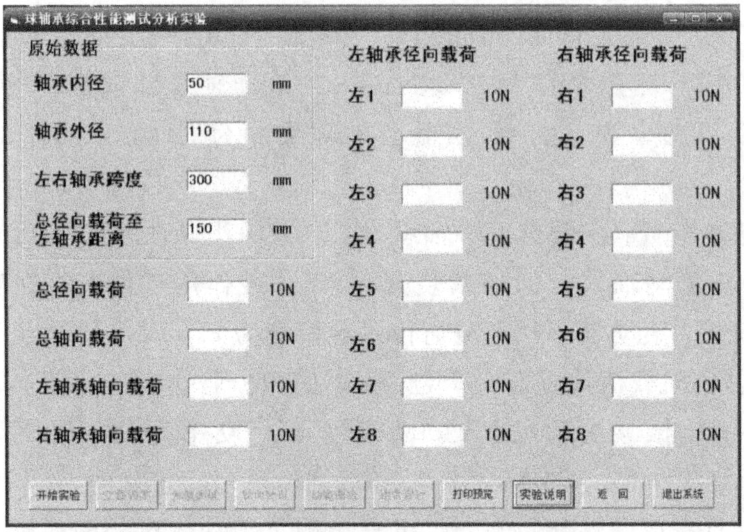

图 10-4　静载荷径向分布测试软件主界面

（6）单击"径向分布"按钮，再单击"无轴向载荷径向分布"（出现界面如图 10-5 左所示），再加轴向载荷（一般 500（10 N）左右），单击"有轴向载荷径向分布"（出现界面如图 10-5 右所示）。

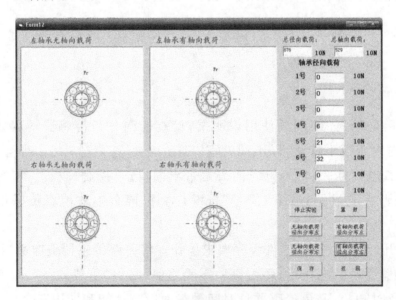

图 10-5　径向载荷分布

（7）测试动载荷动态曲线。启动电动机，将加载装置调至设定位置，逐渐加载至 500(10 N)左右为宜,且不能同时施加轴向载荷。单击"外圈载荷变化曲线"(见图 10-6)。当出现动载荷最大值时,再单击"滚动体载荷变化曲线"(见图 10-7)。

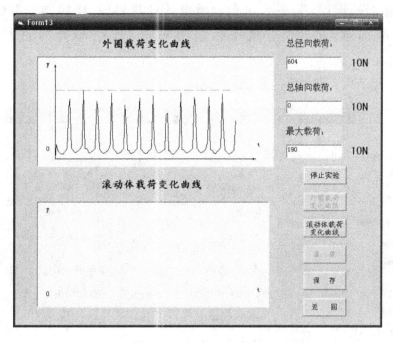

图 10-6　外圈载荷变化曲线

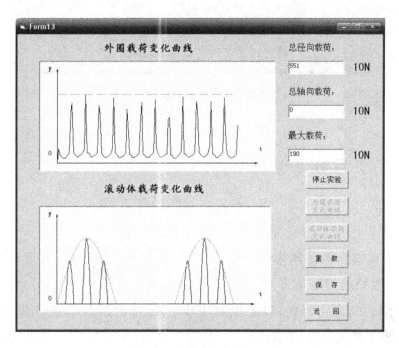

图 10-7　滚动体载荷变化曲线

(8) 测试轴承组合设计计算模块时,总径向载荷加至 500(10 N)左右为宜,且不要对准底部准线;在施加总轴向载荷之前,先要空载保存由总径向载荷派生的内部轴向载荷数据；总轴向载荷加至 400(10 N)左右为宜，且不能做动态运行。

（9）单击"设计计算"，进入滚动轴承设计计算界面，将径向加载装置调至设定位置，逐渐加载，单击"空载保存"，再单击"理论计算"，进行对比分析（见图 10-8）。

（10）实验结束，退出软件界面，关机。

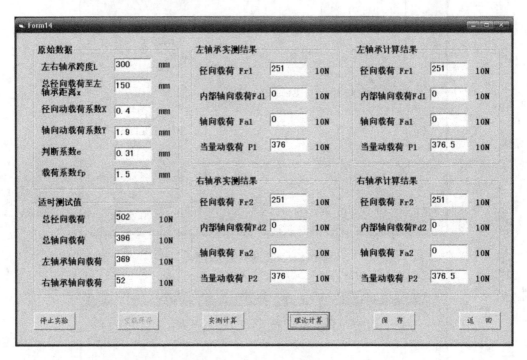

图 10-8　设计计算界面

10.5　项目研究提示

本实验可以作为实验研究项目，进行以下研究工作。

（1）结合实验台的轴承参数和加载条件，根据所学知识，计算滚动轴承滚动体与内、外圈接触处的接触载荷。利用滚动轴承承载状态测试实验，实测滚动轴承元件承受的载荷及变化曲线，验证理论计算结果，分析误差产生的原因。

（2）掌握滚动轴承静力学分析、拟静力学分析、拟动力学分析的特点和应用场合，结合本实验台工作条件，选择滚动轴承分析方法，计算滚动轴承元件承受的载荷及变化曲线，并与实验结果进行对比分析。

（3）以实验参数为工况条件，建立滚动轴承有限元分析模型，分析滚动体与内、外圈滚道接触处的接触应力及变化规律,并与基于赫兹接触理论的应力计算结果进行分析对比。研究滚动轴承接触应力随工况条件的变化规律和滚动体与内、外圈滚道接触处的应力状态。

　　(4) 分析滚动轴承的润滑状态,提出滚动轴承润滑状态、接触区温度在线测量方案,设计润滑状态、温度测试分析实验装置。

第11章

单质量盘转子扭转振动实验

11.1 概述

人们对轴系扭转振动的研究目前主要集中在大型发电机组、航空发动机、汽车和船舶的传动轴系,包括对轴系状态的在线监测,轴系扭转振动减振器的设计等,其中模态分析是轴系动力学分析的起点,而扭转振动实验研究则是扭振研究中不可或缺的重要验证环节,因此轴系的扭振模态分析与实验研究在轴系扭振的研究中占有非常重要的地位。

轴系是一个既有扭转弹性,又有转动惯量的扭转振动系统,轴系在外界周期性激振力矩作用下所产生的周向交变运动及相应变形称为轴系的扭转振动。严重的扭转振动可能引起轴系裂纹和断裂,零部件磨损加剧。

当轴系无扭振时,轴绕自身中心线匀速转动,角速度为 A;当产生扭振时,轴系除转速为 A 的匀速转动外,还叠加有来回扭动的交变角速度 B,其瞬时角速度为 $A+B$。

如图 11-1(a)所示,转子由一个厚度为 δ,直径为 d,质量密度为 ρ 的均匀薄单圆盘与弹性无质量轴组成,轴为各向同性轴,轴承为刚性支承,转子以等角速度 ω 绕轴转动。

J 为圆盘的转动惯量,θ 为转轴在薄圆盘处的扭角,在不考虑离心力影响的情况下,该转子系统扭转振动的运动方程为

$$J\ddot{\theta}+c\dot{\theta}+k\theta=M$$

式中:c——转动阻尼;

k——弹性轴的抗扭刚度;

M——轴系的广义外扭矩。

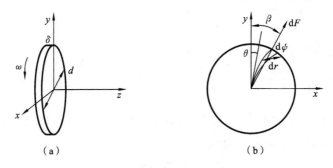

图 11-1　单质量盘转子扭转变形示意图

该系统下的扭振固有频率 $f_\mathrm{n}=\dfrac{1}{2\pi}\sqrt{\dfrac{k}{J}}$。在转子以角速度 ω 绕轴转动时,如图 11-1(b)中所示的圆盘上的微单元 $\mathrm{d}\psi$(角度为 $\mathrm{d}\psi$ 的微扇形体,厚度为圆盘厚度 δ)在扭振时将产生弹性变形,这种变形将使微单元 $\mathrm{d}\psi$ 偏离通过其根部的圆心辐射线,这时离心力将对微单元 $\mathrm{d}\psi$ 产生弯矩。$\mathrm{d}r$ 为 $\mathrm{d}\psi$ 上沿 r 方向上的微单元,β 为微单元 $\mathrm{d}r$ 的离心力与微单元 $\mathrm{d}\psi$ 初始平衡位置的夹角。

定义 M_c 为圆盘由离心力产生的扭矩,则有

$$M_\mathrm{c} = 2\pi\rho\delta\omega^2\int_0^{d/2}(\beta-\theta)r^3\,\mathrm{d}r$$

经简化处理该式可表示为

$$M_\mathrm{c} = \pi\rho\delta\omega^2 A d^5\theta$$

式中:A——与 d 相关的系数。

由于 M_c 的作用是阻碍变形,因此在考虑离心力作用时转子系统扭转振动的运动方程为

$$J\ddot{\theta}+c\dot{\theta}+k\theta=M-M_\mathrm{c}$$

将 M_c 代入得

$$J\ddot{\theta}+c\dot{\theta}+(k+\pi\rho\delta\omega^2 A d^5)\theta=M$$

则该系统的固有扭振角频率为

$$f_\mathrm{d}=\frac{1}{2\pi}\sqrt{\frac{k+\pi\rho\delta\omega^2 A d^5}{J}}=\sqrt{f_\mathrm{n}^2+\rho\delta\omega^2 A d^5/4\pi J}$$

将圆盘的转动惯量 $J=\dfrac{\pi d^4}{32}\rho\delta$ 代入上式,得

$$f_\mathrm{d}=\sqrt{f_\mathrm{n}^2+32Ad\omega^2/4\pi^2}=\sqrt{f_\mathrm{n}^2+B_\mathrm{d}f^2}$$

式中:f_d——系统在考虑离心力作用时的扭振固有频率,简称为系统的扭振动频;

f_n——系统在不考虑离心力作用时的扭振固有频率,简称为扭振静频;

f——系统的转动频率;

B_d——该单圆盘转子系统的扭振动频系数,且 $B_\mathrm{d}=32Ad$。

▦ 11.2 实验目的▦

（1）了解扭转振动实验台工业机电驱动单元（IMDU）的结构、功能和扭转振动测量原理，掌握扭转振动及其测量方法。

（2）观察方波信号作用下单圆盘转子的扭转振动和测量结果。

（3）了解机电传动中的伺服控制技术的应用，掌握通过伺服控制减小扭转振动的方法。

▦ 11.3 实验原理▦

扭转振动是指旋转轴的扭矩随时间变化而产生的旋转振动，是一种重要的振动形式。测量转轴的扭振也就是测量转轴的扭角和角速度差，有两种方法较为常见。

（1）将传感器（应变片等）直接装在轴上，通过轴的扭转应变来测量扭振。

（2）利用装在轴上的码盘、齿轮等结构，通过非接触式光、电、磁等传感器产生相应的脉冲信号。光栅式编码器就是常用的传感器，编码器每转动一定角度，就产生一个脉冲，通过测得两脉冲间隔时间，就可获得两脉冲间隔的平均角速度，进而获得扭角和角速度差。

▦ 11.4 实验仪器及扭转系统组成▦

扭转测试系统由 Matlab/Simulink 仿真软件、Quanser 公司的 Q8 卡、QuaRC 开发环境、工控机和工业机电驱动单元 IMDU（industrial mechatronic drives unit）等组成。

Quanser 公司的 Q8 卡是一块集实时检测和控制于一体的高性能板卡，它提供了丰富的硬件接口和完善的软件支持，带有多路的高速 A/D 输入、高精度 D/A 输出、编码器输入、扩展数字 I/O 和 PWM 输出。Q8 卡使用 PCI 接口连接计算机，并通过终端接口卡连接各种外部设备，形成闭环控制结构。

QuaRC 是 Quanser 的下一代多功能快速控制开发环境，它无缝集成在 Simulink 中。利用 QuaRC 提供的框图模块 ，并结合 Simulink，用户可以方便快速地搭建自己的系统模型,然后通过 QuaRC 自动生成实时代码,将工业级的实时应用程序下载到 Windows 等操作系统中,还可以通过 QuaRC 提供的"外部模式"通信模块将实时代码下载到目标板卡上,实现对 Quanser 板卡的软件控制。借助 Simulink 中的各种监测模块,可以实时观测整个系统的运行状态,系统总体结构如图 11-2 所示。

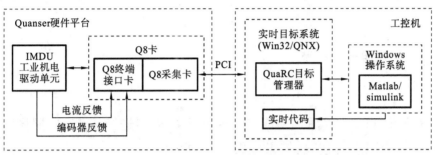

图 11-2 系统总体结构图

IMDU 是一个可模拟各种工业控制单元的装置系统,如图 11-3 所示。每个

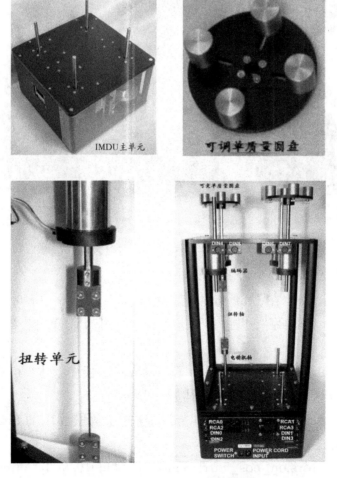

图 11-3 IMDU 扭转单元结构图

IMDU 主单元共有四根输出轴,其中两根是直流电动机驱动轴,其余为自由轴,利用单个或多个 IMDU 主单元及其丰富的模块化组件,可以搭建带有卷绕控制、间隙与摩擦补偿,扭转振动等各种复杂工业控制系统。IMDU 提供电动机力矩(电流)环的控制和反馈,且每根轴都配有高精度编码器,IMDU 与 Q8 终端接口卡使用配套标准数据线进行连接。

▮ 11.5   实验步骤 ▮

(1) 按照图 11-3 所示的 IMDU 扭转单元结构图进行安装,按照图 11-2 所示的系统总体结构图进行连线,结果如图 11-4 所示。

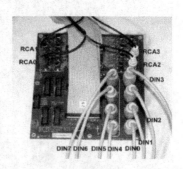

（a）带有扭转单元的IMDU   （b）连接扭转元件   （c）数据采集卡的连接

图 11-4   扭转振动实验的硬件安装

(2) 打开 IMDU 上的电源开关。

(3) 打开 Matlab。在 Matlab 主窗口中使用"Browse for folder"按钮或者在"Command Window"中用"cd"命令来进入计算机中 IMDU 目录的" Exp06 -Torsion"子目录。

(4) 在 Matlab 主窗口的"Current Directory"面板中双击" imdu_torsion_pos_cntrl. mdl"来打开 Simulink 模块,如图 11-5 所示。

(5) 运行 Matlab 文件"d_torsion. m"。这一步为实验用的 Simulink 文件设置所有必需的模型、控制与配置参数。

(6) 在 imdu_torsion_pos_cntrl Simulink 窗口中,单击"WinCon"菜单,选择"Build"。这一步完成以后在 Matlab 命令提示窗口会出现成功完成的报告。接着

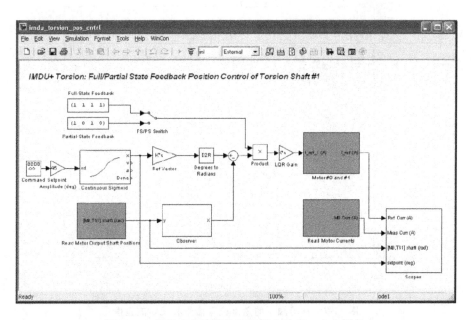

图 11-5　单自由度扭转位置控制实验 Simulink 模块

WinCon Server 窗口就会被激活并可见(见图 11-6)。

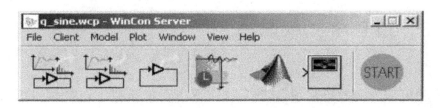

图 11-6　WinCon Server 窗口

(7) 在 WinCon Server 窗口点击"Open plot"按钮来激活"Open a display:"对话框,在这个对话框中有以下项目:TS1 Output Shaft(deg)。通过单击项目,选中的项目一侧将出现选择标记。单击"OK"按钮完成选择。这一显示窗口给出了角度设定值和扭转轴的实际输出角度。

(8) 在 WinCon Server 窗口,单击"START"按钮激活控制器。电动机 0 将按照设定的角度信号转动。默认的情况下角度信号为方波,其幅值为 45°,频率为0.2 Hz。

(9) 观察实验结果。

(10) 设置程序中的 FS/PS 切换开关,使其在 FS(full-state feedback)位置。观察结果(见图 11-7)。

(11) 在 WinCon Server 窗口单击"Stop"按钮,控制器停止工作。

(12) 关闭 IMDU 的电源开关。

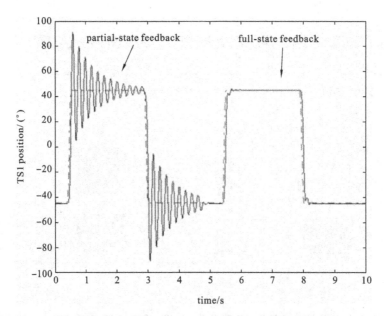

图 11-7　扭转轴 1 的角度位置信号和设定的角度
（点画线是设定的位置，实线是实际测量的角度位置信号）

11.6　项目研究提示

本实验可作为实验研究项目，进行以下几方面的研究工作：

（1）根据 IMDU 中转子的具体结构，建立有限元分析模型并进行仿真计算。根据实验结果，验证有限元仿真模型，分析实验误差。

（2）通过有限元方法对不同几何结构的单质量盘转子在不同转动频率下的扭振固有频率进行计算，对影响单质量盘转子扭振动频的动频系数进行分析，研究离心力对扭振固有频率的影响。

（3）考虑离心力影响时的单质量盘转子的扭振模型，对单质量盘转子扭振的动频进行研究，寻找单质量盘转子扭振动频的影响因素，并进行实验验证。

（4）研究如何用扭振法测量单轴转动惯量。

（5）设计用压电加速度法测量轴的扭转振动方案，并验证仿真结果。

第12章
多功能柔性转子临界转速测量实验

12.1 概述

回转体在某些特定的转速附近运转时,将出现很大变形并做弓状回旋,引起支承及整个机械的剧烈振动,甚至造成轴承和回转体的破坏,而当转速在这些特定转速的范围之外时,运转即趋于平稳。这些引起剧烈振动的特定转速称为回转体的临界转速,用 n_c 表示。一个回转体在理论上有无穷多个临界转速,按它们的数值由小到大排列分别称为一阶、二阶……k 阶临界转速。在工程上有实际意义的主要是前几阶临界转速。

任何回转体都不能在临界转速下运行,否则将造成很大的动挠度,发生剧烈的振动,甚至造成轴承和回转体的破坏。为确保机器安全运行,回转轴系的工作转速必须在其各阶临界转速一定范围以外。一般要求:对于工作转速低于其一阶临界转速的回转轴系,$n<0.75n_{c1}$;对于工作转速高于其一阶临界转速的轴系,$1.4n_{c1}<n<0.7n_{ck+1}$。

研究临界转速的目的,最重要的不是求解轴系在临界转速之下运行发生了多大的动挠度,而是准确地决定所研究的轴系各阶临界转速的数值,从而使轴系的工作转速避开它的任何一阶临界转速,以防止发生这类特殊的共振危害。如果轴系的工作转速不能任意变动,则需采用改变轴系尺寸、结构等方法来改变临界转速的数值,勿使轴系新的临界转速远离其工作转速。因而必须研究临界转速的求取及影响临界转速的因素。

12.2 实验目的

(1) 了解转子临界转速的概念。

（2）学习测量系统硬件操作使用及系统组建。

（3）熟悉 INV1612 型多功能柔性转子实验模块的使用。

（4）学习转子临界转速的测量原理及方法。

（5）观察转子在临界速度时的振动现象、幅值及相位的变化情况。

12.3　实验仪器及转子系统组成

INV1612 型多功能柔性转子实验系统主要由两部分组成：一部分是多功能柔性转子实验台及各种振动传感器，另一部分是采集分析系统。如图 12-1 所示。

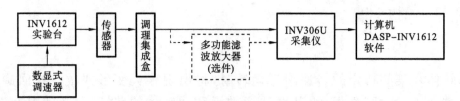

图 12-1　INV1612 型多功能柔性转子实验系统组成

INV1612 型多功能柔性转子实验系统可以模拟多种旋转机械的振动情况，并可通过 INV306U 数据采集系统对柔性转子的振动情况（转速、振幅、相位、位移）进行采集、测量与分析。该系统可以进行转子动平衡、临界转速、油膜涡动、摩擦振动等实验。

INV1612 系统软件主界面如图 12-2 所示，单击相应按钮进入不同模块的软件，其中转子实验模块主界面如图 12-3 所示，动平衡模块主界面如图 12-4 所示，旋转机械模块主界面如图 12-5 所示。

图 12-2　INV1612 软件主界面

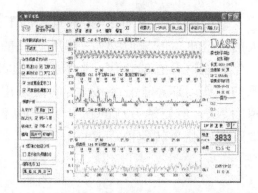

图 12-3　转子实验模块主界面

INV1612 柔性转子实验系统硬件连接如图 12-6 所示，三种传感器的外观如图 12-7 所示。

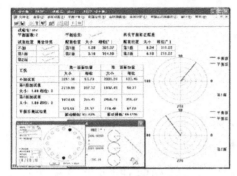

图 12-4 动平衡模块主界面

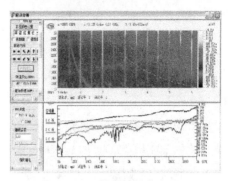

图 12-5 旋转机械模块主界面

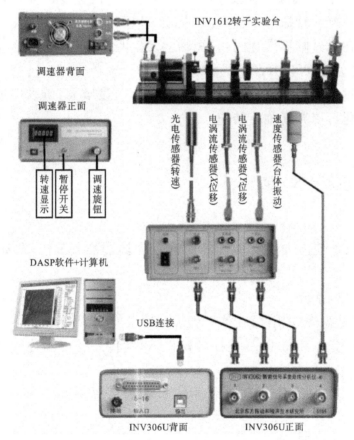

图 12-6 柔性转子实验系统硬件连接示意图

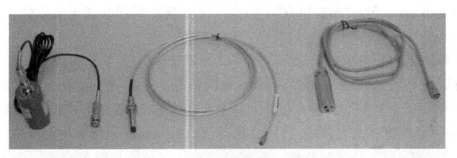

（a）速度传感器　　　　（b）电涡流传感器　　　　（c）光电传感器

图 12-7 三种传感器的外观

12.4 实验原理

临界转速:转子转动角速度数值上与转轴横向弯曲振动固有频率相等,即 $\omega=\omega_n$ 时的转速称为临界转速。其中:ω 为轴系转动的圆频率(rad/s);ω_n 为轴系横向振动固有圆频率(rad/s)。转子在临界转速附近转动时,转轴的振动明显变得剧烈,即处于"共振"状态,转速超过临界转速后的一段速度区间内,运转又趋于平稳。所以通过观察转轴振动幅值-转速曲线可以判断临界转速。

轴心轨迹在通过临界转速时,长短轴将发生明显变化,所以通过观察轴心 X-Y 图中振幅-相位变化,可以判断临界转速。

转轴在通过临界转速时,振动瞬时频谱幅值明显增大,所以通过观察 X、Y 向振动频谱的变化可以判断临界转速。

12.5 实验步骤

(1) 查看仪器使用方法及注意事项,做好实验的准备工作,准备实验仪器及软件。

(2) 组建测试系统。

① 抽出配重盘橡胶托件,在油壶内加入适量的润滑油。

② 按照图 12-1 和图 12-6 连接各硬件,速度传感器可不连接,检测连接是否正常。

③ 运行 INV1612 型多功能柔性转子实验系统软件→转子实验模块,如图 12-8所示。

(3) 采样参数设置。

单击图 12-8 所示"设置"按钮,参照图 12-9 所示采样和通道参数的设置来分配传感器信号的通道。

采集仪的 1 通道接转速(键相)信号,2 通道接水平位移 X 向信号,3 通道接垂直位移 Y 向信号;对于 0~10000 r/min 的转子实验装置,为兼顾时域和频域精度,一般采样频率设置在 1024~4096 Hz 的范围较为合适;通过程控放大可以将信号放大,但注意不要放太大,以免信号过载;X-Y(轴心轨迹)图设置中选择 X、Y 轴对应的测量通道,用于通过轴心轨迹观察临界转速。谱阵和幅值曲线图设置中,选择 X 或 Y 向位移信号对应的分析通道,本次实验用于测量转速-幅值曲线判断临

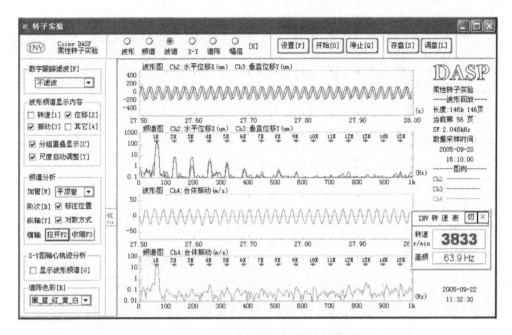

图 12-8 转子实验模块测试界面

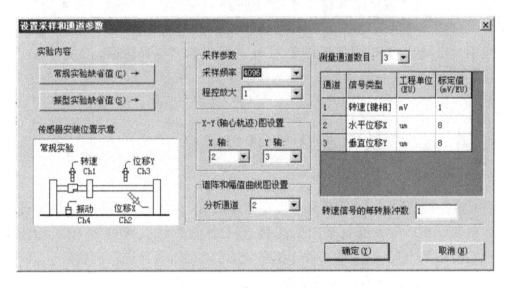

图 12-9 采样和通道参数设置

界转速。设置完毕单击"确定"按钮。

本次实验中,由于转轴较细,为了避免传感器磁头发生磁场交叉耦合引起的误差,X、Y 向传感器不要安装在同一平面内。

在图 12-8 所示转子实验模块测试界面左侧"数字跟踪滤波[F]"下拉菜单中,选择"不滤波"或"基频 1X 带通"方式;在虚拟仪器库栏下打开"转速表[F7]"和"幅值表[F8]",观察转速和幅值变化;在图形显示区上方"设置[P]"按钮左侧,选择测量信号显示方式,如波形、频谱、X-Y 图、幅值等(可按热键"K"进行显示方式快速切换）。

（4）检查连线连接无误后，开启各仪器电源，单击开始按钮并同时启动转子，观察测量信号是否正常。

（5）数据采集。

① 转速幅值曲线：将显示调到幅值"K"，逐渐提高转子转速，同时要注意观察转子转速与振幅的变化；接近临界转速时，可以发现振幅迅速增大，转子运行噪声也加大，转子通过临界转速后，振幅又迅速变小。

观察基频振幅-转速曲线，逐渐调整转速，振幅最大时即为系统的一阶临界转速。在临界转速附近运转时要快速通过，以避免长时间剧烈振动对系统造成破坏。

② X-Y 图：在"数字跟踪滤波方式"下选择"0-1X"低通或"基频 1X 带通"，"图形显示方式"选择"X-Y"，逐渐改变转速，注意观察轴心轨迹在临界转速附近幅值、相位的变化趋势。在实验结果和分析中绘出在临界转速之前和连接转速之后的两个轴心轨迹，比较其幅值、相位的变化特性。

③ 频谱图：在"数字跟踪滤波方式"下选择"不滤波"或"基频 1X 带通"，"图形显示方式"选择"频谱"；逐渐改变转速，注意观察频谱变化趋势。当达到临界转速时将发生共振，瞬时频谱幅值明显变大，由此可以判断临界转速。

（6）实验完毕，存盘。

12.6　仪器使用的注意事项

（1）在各种情况下，实验台都应保持水平放置，并避免对轴系的强力碰撞。通常实验台要放在质量大而且坚固的桌面上，最好放置橡胶减振垫，防止由于桌面共振使实验结果出现偏差（如条件不具备，也可以在地面上进行实验）。

（2）使用前要检查螺钉是否紧固，调速电动机运行状态是否正确，运转是否平稳。

（3）由于实验台的轴承使用的是滑动轴承，在实验过程中要确保油杯内有足够的润滑油，禁止轴承在无润滑的情况下运行，以免导油槽皮管要外接盛油杯，回收剩油。

（4）平时仪器应放在干燥处，保持整洁。

（5）实验台的旋转轴属于精密加工部件，在每次使用实验台或搬动时，严禁在轴上施加任何力量。实验台在不使用时，要用配重盘橡胶托件垫在配重盘下，以防止转轴因重力而变形。

（6）实验台的轴承支架在出厂前经过对中调整，在实验时，除需要拆卸的部件外，其他轴承支架严禁拆卸，以免影响旋转轴的性能。如需要拆卸，在安装轴时，要把轴的连接面全部插入联轴器的安装孔内。

（7）进行实验时，要把油杯上方的油阀开关调整到竖直位置，实验完毕后，把开关调整到水平位置。

（8）在进行动平衡实验时，转子附加的配重必须拧紧或确保完全拧进转子内部，并且在转子运行过程中，转子的切线方向不得站人，以免物体飞出伤人。

（9）由于不正确使用或其他原因，转轴可能发生弯曲变形，此时应立即停止使用，及时维修或更换。

（10）传感器探头的正确安装、调整和固定：平时要妥善保管，不要磕碰传感器头；在安装传感器探头时特别要注意将探头的电缆松开，以防止扭断引线。使用和运输时，电缆应避免强烈的弯折和扭转。

（11）电涡流位移传感器探头调整：适当调整感头部端面与转轴之间的距离，使前置器前端间隙电压与传感器标定参数一致。注意不能在轴旋转时调整探头间隙电压，以避免破坏探头。调整完并用锁紧螺母锁紧。

（12）为了避免电磁干扰，在测量 X-Y 图时，应使两传感器探头错开一定距离。测量转轴径向振动时，电涡流传感器安装如图 12-10 所示，可在安装支架上分别安装水平和垂直方向的两个传感器。测量转轴轴向振动时，电涡流传感器安装如图 12-11 所示。在调节探头与检测面之间的间隙时，受测面不能动。安装调试测速光电传感器时应适当调整传感器与轴上反光纸之间的距离，大概在 1 cm 左右；轻轻拨动转轴，观察绿色指示灯是否变化，并将紧定螺钉拧紧。电涡流前置器与光电传感器供电电源集成在一起，将其接头彼此对应连接好；直接用 220 V 交流电源供电即可。

图 12-10　测量径向位移

图 12-11　测量轴向位移

（13）连接好所有测试仪器并接通电源。首先调整调速器，使其在低速稳定状态旋转，观察测试软件中时域波形是否正常。出现问题时应首先考虑连接线问题,再检查仪器电源是否打开及仪器挡位是否正确。

12.7 项目研究提示

本实验可作为实验研究项目,进行以下几方面的研究工作。

(1) 针对柔性转子试验台,建立有限元分析模型并进行仿真计算。根据实验结果,验证有限元仿真模型,分析实验误差。

(2) 改变单盘转子装配位置及个数,建立有限元分析模型并进行仿真计算,验证转子结构对临界转速的影响。

(3) 研究滑动轴承油膜涡动和油膜振荡,建模分析油膜涡动、振荡-转速的关系并进行实验验证。

(4) 建模分析柔性转子振型,并进行实验验证。

(5) 研究基频、半频及倍频对转子振动系统的幅值影响。

(6) 建模分析轴承座及台体振动共振频率,并进行实验验证。

(7) 测试转子轴心轨迹并研究对转子轴心轨迹提纯的方法。

第13章

工业生产线PLC控制综合实验

13.1 实验目的

(1) 了解工业生产线的工作流程。

(2) 了解控制系统的结构,掌握控制系统中的元器件的工作原理、功能及接线方式。

(3) 掌握PLC的编程语言及程序编制和调试方法。

13.2 实验内容

(1) 阅读实验指导并观察整个系统的运行过程,了解系统的控制逻辑步骤。

(2) 实际查看所用元器件的名称、型号,查找相关资料,了解其工作原理、接线方式。

(3) 分析各部分的功能,进行程序设计、编制和调试。

13.3 实验设备

(1) Me093399型机光电气液压一体化全自动装配生产线。

(2) 计算机。

(3) 万用表。

(4) 电工工具。

13.4 实验设备工作原理

1. 生产线的运行过程

Me093399 型机电一体化系统是一套自动化装配线模型,系统包括 11 个从站点:上料单元、下料单元、加盖单元、穿销单元、模拟单元(温度控制系统)、伸缩换向单元、检测单元、液压单元、分拣单元(气动机械手)、叠层立体仓库单元和废品单元,生产线各部分布置及功能示意图如图 13-1 所示。

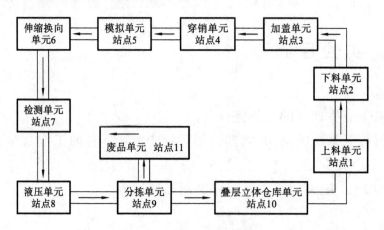

图 13-1 生产线布置及功能

各站点的功能如下。

(1) 上料单元(站点 1):将工件主体送入下料单元入口。

(2) 下料单元(站点 2):托盘是整个模拟生产过程的载体,托盘经传送带从此站前端开始进入下料仓出口,先得到工件主体,沿传送带向下站运行。

(3) 加盖单元(站点 3):托盘带装配主体进入本站后,通过摆臂机构的摆动将上盖装在主体中,放行,托盘带装配主体沿传送带向下站运行。

(4) 穿销单元(站点 4):托盘带装配主体进入本站后,经直线推动机构,将销钉准确装配到上盖与工作主体中,使三者成为整体,成为工件。销钉分为金属和塑料两种。

(5) 模拟单元(站点 5):工件进入本站检测到位后,进行加热和温度控制,完成后,工件沿传送带向下站运行。

(6) 伸缩换向单元(站点 6):工件进入,旋转 90°,伸缩臂将其提升,旋转 180°,伸至下一单元,放下,回至起点。

(7) 检测单元(站点 7):工件进入本单元,进行销钉材质的检测(金属、塑料)和工件标签的检测以确定工件是否合格,其中,贴标签的为合格品,其余的为不合格品。本站的检测结果作为下两站动作的依据。

（8）液压单元（站点 8）：工件进入本单元后,首先进行加盖印章操作,然后本单元旋转 90°,最后将工件输送至下一单元。

（9）分拣单元（站点 9）：工件进入本站后,首先由短程气缸下落,皮碗压紧工件,真空泵开关动作,排除皮碗内的空气,短程气缸上升,吸起工件让托盘继续前进,工件由摆动缸转动 90°,若是合格品则工件下落到传送带继续沿传送带向下站运行,若是废品则无杠缸横移将其投入废品槽。

（10）叠层立体仓库（站点 10）：由升降梯与立体叠层仓库两部分组成,升降梯由升降台和链条提升部分组成,由步进电动机做驱动。可根据检测单元检测结果（金属、塑料）,按类将工件传送到立体叠层仓库中。

（11）废品单元（站点 11）：废品进入本站后在重力作用下由废品槽下滑到达水平辊道,三相交流异步电动机经变频器驱动输送辊运动,将废品输送出本站。当废品经过本单元出口后,电动机停止转动。

2. 控制系统结构

由以上工艺过程可知,整条生产线共有 11 个站点,站点 1、2、3、4 主要是顺序逻辑控制,站点 5 实现对模拟量的控制,站点 8 实现液压传动控制,站点 9 实现气动机械手的控制,站点 10 则实现光电编码的检测和步进电动机的控制。每个站点都独立地完成一套动作,又彼此相互配合。本生产线采用了 PROFIBUS 现场总线技术,通过 1 个主站 S7-300 和 10 个从站 S7-200 及 1 个变频器通信,并通过 WINCC 监控软件实现对整个模拟生产线的控制,控制系统组成如图 13-2 所示。

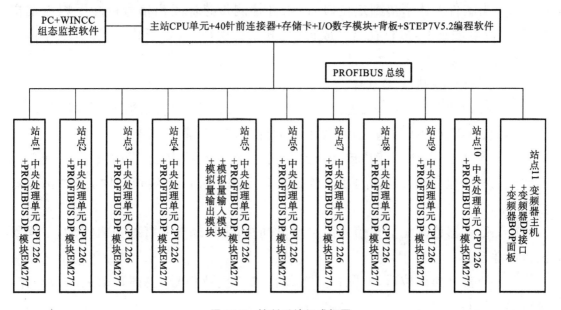

图 13-2　控制系统组成框图

1) 上料单元(站点 1)动作

(1) 将"手动/自动"转换开关拨到"手动"位置。

(2) 按下"启动"电控按钮,光电传感器检测到有工件,工作指示灯亮,启动气缸,同时气缸终端的电磁阀得电,将工件吸起。

(3) 电动机带动摆臂旋转 90°,使工件与下料单元的工件入口处在同一方向上,通过调节摆臂两侧的微动开关控制摆臂的旋转角度。

(4) 控制摆臂上下动作的电动机将摆臂抬起,使其工件高于下料单元的工件入口,同样可通过调节摆臂中间的微动开关调节摆臂的高度。

(5) 摆臂的高度和方向都对准后底层电动机将通过齿条将工件送到下料单元工件入口的正上方,将工件放下,然后进行复位,通过调节下放微动开关调节摆臂送件的前后位置。摆臂复位,工作指示灯灭。

2) 下料单元动(站点 2)动作

(1) 将工件主体放入下料仓,通过间歇机构带动同步带使工件主体运动,由电感式和电容式传感器分别对工件主体和托盘进行检测。

(2) 将"手动/自动"转换开关拨到"手动"位置。

(3) 初始状态:下料电动机处于停止状态;直流电磁限位杆竖起,处于禁止状态;传送电动机处于停止状态;工作指示灯熄灭。

(4) 按下启动按钮,底层传送电动机工作,传送带转动,当托盘到达定位口时,底层的电感式传感器发出检测信号,工作指示灯亮;启动下料电动机,执行工件主体下落动作。

(5) 当工件主体下落到定位口时,工件检测传感器发出信号停止下料电动机运行;直流电磁吸下,放行托盘。放行后,电磁吸铁释放,处于禁止状态,工作指示灯熄灭。

3) 加盖单元(站点 3)动作

(1) 初始状态:加盖单元主摆臂处于原位状态;直流电磁阀的限位杆竖起,处于止动状态;工作指示灯熄灭;直线单元的传送带处于静止状态。

(2) 将电控"手动/自动"转换开关拨到"手动"位置。按下启动按钮,直线单元上的电动机带动传送带开始工作;当托盘载工件主体到达定位口时,工作指示灯亮。

(3) 传感器检测无上盖信号后启动电动机,带动蜗轮蜗杆减速机转动,主摆臂执行加盖动作。

(4) 加盖动作到位后,外限位开关发出加盖到位信号,主摆臂结束加盖动作,执行返回原位动作。

(5) 返回原位动作后,内限位开关发出返回到位信号,主摆臂结束返回动作。

（6）若上盖安装到位，上盖检测传感器发出检测信号，启动直流电磁阀动作，电磁阀吸下，将托盘放行；若上盖安装为空操作，上盖传感器无检测信号，主摆臂应再次执行加装上盖动作，直到上盖安装到位；摆臂取往复三次并没有取到上盖时，报警器将发出警报，示意应在料槽内加入上盖。（报警器焊接在电路板上，对应 PLC 的输出点为 Q1.6、Q1.7）。

（7）放行 2 s 后，电磁阀释放，恢复止动状态，工作指示灯灭，该站恢复预备工作状态。

4）穿销单元（站点 4）动作

（1）初始状态：销钉气缸处于复位状态；限位杆竖起，处于止动状态；传送电动机处于停止状态；工作指示灯熄灭。

（2）系统运行期间：当托盘载工件到达定位口时，托盘传感器发出检测信号，且确认无销钉信号后，工作指示灯亮，经 3 s 确认后，销钉气缸推进，执行装销钉动作。

（3）当销钉气缸发出至位信号后结束推进动作，并自动恢复至复位状态。

（4）接收到销钉检测信号 2 s 后止动气缸动作，使限位杆落下，将托盘放行；若销钉安装为空操作，2 s 后销钉检测传感器仍无信号，销钉气缸将再次推进执行安装动作，直到销钉安装到位；本站销钉连续穿三次后，传感器还未检测到有销钉穿入，报警器报警，此时应在销钉下料仓内加入销钉（报警器焊在输出的电路板上，对应 PLC 的输出点为 Q1.6、Q1.7）。

（5）放行 3 s 后，限位杆竖起，处于止动状态，工作指示灯熄灭。

5）模拟单元（站点 5）动作

（1）将电控"手动/自动"转换开关拨到"手动"位置，按"启动"键进行手动控制。

（2）初始状态：传送电动机停止，限位杆竖起，处于止动状态；工作指示灯熄灭。

（3）托盘带工件下行至此站，托盘检测传感器检测到托盘到位，启动喷气阀，延时 500 ms。

（4）关闭喷气阀，用最大的加热程度加热，持续 8 s。8 s 后停止，循环读取输入。用热电阻输入值和设定值 56°进行比较，若小于输入值则按 50% 的最大加热程度加热，一直加热到循环读取的输入值大于或等于设定值时，跳出。

（5）启动风扇散热，延时 5 s。

（6）止动气缸放行，托盘带工件下行，风扇停。

（7）3 s 延时后，止动气缸复位，循环标志和采样标志清零。本站进入预备工作状态。

6) 伸缩换向单元(站点 6)动作

(1) 将"手动/自动"转换开关拨到"手动"位置,按下启动按钮进行手动控制。

(2) 初始状态:所有电动机停止;换向气缸复位;提升气缸复位;旋转电动机复位;伸缩电动机复位(缩);工作指示灯熄灭。

(3) 托盘带着工件下行至此站,直线单元上的传感器检测到托盘进入后,工作指示灯亮,同时进行 5 s 延时,时间到后,换向气缸输出,工件旋转 90°。

(4) 延时 5 s,换向气缸复位。

(5) 提升托盘处的检测传感器有信号时,提升气缸输出,将托盘抬起。旋转电动机转动,带动工件旋转 180°。

(6) 当碰到旋转至限位微动开关后旋转电动机停,伸缩电动机运动将工件送出。

(7) 得到送件到位信号时,结束送件电动机至位动作,提升气缸复位,复位 5 s 延时。

(8) 输出伸缩电动机复位动作,同时输出气缸提升动作。

(9) 送件复位检测发出信号后,伸缩电动机复位动作完成,然后输出旋转电动机复位信号。

(10) 旋转复位检测发出信号后,旋转电动机复位动作完成,进行 2 s 延时,将提升气缸复位,工作指示灯熄灭。

(11) 所有动作都复位后,本站进入预备工作状态。

7) 检测单元(站点 7)动作

(1) 当托盘带工件进入本站后,进行 2 s 延时。

(2) 延时过程中检测托盘上的工件情况:工件是否有上盖;是否贴标签;是否穿销钉;若穿销钉,分析销钉的材质为金属还是塑料。根据检测结果置相应的标志位,以便在分拣和料仓中作判断标志使用。

标志位要求如下:

上盖检测(有上盖为 1,没有上盖为 0);

销钉材质检测(金属为 1,非金属为 0);

色差检测(贴签为 1,未贴签为 0);

销钉检测(穿销为 1,未穿销为 0);

(3) 2 s 后检测完毕,直流电磁吸铁放行,2 s 延时,工件进入下一站。

(4) 2 s 后直流电磁吸铁复位,该站恢复预备工作状态。

8) 液压单元(站点 8)动作

液压单元液压回路如图 13-3 所示。

(1) 初始状态:前推液压缸、旋转液压缸、打标液压缸均处于复位状态,相应电

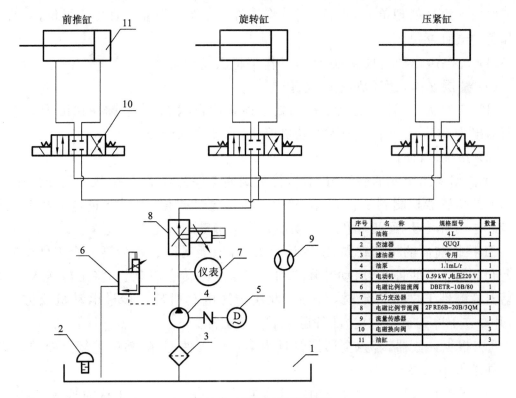

图 13-3　液压单元液压回路

磁阀断电。

（2）检测到托盘进入本站，前推液压缸伸出使链条将托盘传动，到位后停止。

（3）打标液压缸伸出，驱动打标机构进行打标运动，运动到位后延时 2 s，复位后停止。

（4）旋转液压缸伸出，驱动本单元旋转 90°，到位后停止。

（5）前推液压缸复位，使链条将托盘送出本站，复位后停止。

（6）旋转液压缸复位，驱动本单元反向旋转 90°，复位后停止。

9）分拣单元（站点 9）动作

初始状态：短程气缸（垂直）、无杆缸（水平）、摆动缸（旋转）均为复位，机械手处于原始状态，限位杆竖起禁行，处于止动状态；真空开关不工作；工作指示灯熄灭。

（1）将"手动/自动"转换开关拨到"手动"位置。

（2）工件进入本站，进行 3 s 延时。3 s 后启动短程气缸，真空皮碗将工件吸起，摆动气缸将工件旋转 90°。

（3）若按下"按键 1"，2 s 延时，启动止动气缸将托盘放行；2 s 后将工件放到底层的传送带上，摆动气缸和短程气缸复位；传送带带动工件进入下一站。若按下"按键 2"，则启动止动气缸将托盘放行，进行 2 s 延时；同时启动导向驱动装置，将工件送入废品处理单元,进行回收;将工件放入后,导向驱动装置复位,短程气缸和摆动气缸复位。

(4) 2 s后,止动气缸复位,所有动作都将恢复预备状态。

10) 叠层立体仓库(站点10)动作

(1) 初始状态:各传送电动机均处于停止运行状态,步进脉冲输出为0,步进方向输出为0(定位向下),伺服电动机停止,升降梯处于外侧。

(2) 系统运行时:

① 根据检测单元的检测情况,若检测到的工件为合格产品,则下行至此站,升降梯上的传感器检测到工件,升降梯上的传送电动机停,通过步进电动机驱动器使步进电动机转动,经齿轮齿条差动使升降梯带动工件上升。

② 根据前面的检测结果,使用计数器,若为金属销钉且为第一个工件则升降梯上升至第二层时停止,启动升降梯和第二层上的传送电动机,将工件送入,二层传感器检测到工件进行延时,2 s后,此层传送电动机停。步进电动机反方向转动,升降梯下降到初始位置,准备运送下一个工件。

(3) 根据计数器,若为金属销钉且为第二个工件,升降梯仍重复上面的动作,将工件送入第二层。

(4) 根据计数器,若为金属销钉且为第三个工件(在程序中认为每层可装两个工件),升降梯则带工件自动进入第三层。以后依次装入工件。

(5) 若为塑料销钉且为第一个工件,则升降梯带动工件先垂直上升至第二层,然后启动水平电动机带动升降梯水平动作,当碰到水平的内限位开关时停止水平动作,启动升降梯和第二层上的传送电动机,将工件送入,第二层传感器检测到工件进行延时,2 s后此层传送电动机停。水平电动机反方向转动,回到外层碰到外限位开关时停,然后启动步进电动机使其反方向转动,升降梯下降时碰到底层限位开关时停,回到初始位置,准备运送下一个工件。

若为塑料销钉且为第二个工件则重复上一步。

若为塑料销钉且为第三个工件,升降梯带动工件先垂直上升至二层,然后水平移动,碰到内层限位时,水平电动机停,此时升降梯带动工件继续上升至三层,将工件送入后,启动水平电动机,升降梯进行反方向的水平动作,碰到外限位时,水平电动机停止,步进电动机继续工作,带动升降梯下降至初始位置。以后工件依次装入。

▌ 13.5 实验步骤 ▌

(1) 熟悉整个设备的电气控制系统,选择其中的一个站点进行实验。

（2）查看控制系统所用的元器件，理解其用途，查找相关资料（手册、样本、书籍等）理解其工作原理。

（3）观察 PLC 及扩展模块，认识其状态 LED、I/O LED、模式开关、模拟电位器、扩展接口、接线端子。尤其注意分清端子中的供电电源、直流输出电源、输入/输出端子。能够掌握各开关的使用方法和各指示灯的意义。

（4）分析 PLC 各 I/O 点的作用并列出 PLC 的 I/O 表。

（5）连接 S7-200 与编程设备的 RS-232/PPI 多主站电缆。

（6）安装并打开 STEP 7-Micro/WIN 软件，熟悉操作环境，掌握通信设置、模式设置和文件上传/下载方法。

（7）理解每站工艺动作要求，进行程序编制和调试。

13.6 项目研究提示

本实验可以作为实验研究项目，进行以下工作。

（1）结合 Me093399 型机光电气液压一体化全自动装配生产线，根据生产线平衡理论及评价方式，分析其平衡性，提出改善方案并通过程序实现。

（2）针对模拟单元要求，利用先进智能控制策略（如模糊控制、神经网络、遗传算法、专家控制等控制策略）实现温度控制。

（3）针对上料单元机械结构和动作要求，以提高可靠性和工作效率为目标，提出新的控制系统方案，并实现。

（4）针对液压单元旋转运动，通过控制比例阀优化旋转运动速度，消除运动中的启停冲击。

（5）针对叠层立体仓库动作要求，进行立体仓库存储系统精确定位控制设计，提高其工作可靠性。

第14章
机器运转速度周期性波动调节实验

14.1 概述

　　机器原动件的运动规律是：作用在机器上的外力是原动件的位置以及机器各个运动构件的质量与转动惯量等参数的函数。作用在机器上大小、方向不断变化的力导致了机器主轴速度波动和驱动力矩的变化。对于大多数机器，其主轴运动速度不仅在启动和停车阶段变化，在工作阶段其主轴也按照运动循环做周期性的反复变化，即周期性速度波动。机器产生的周期性速度波动将会：在机器各运动副中引起附加动压力，降低机器效率和工作可靠性；引起相当大的弹性振动进而影响各部分的强度以及消耗部分动力在这些弹性振动上；影响机器工艺过程，使产品质量下降。

　　工程实际中的大多数机械，在稳定运转过程中都存在着周期性速度波动。为了将其速度波动限制在工作允许的范围内，需要对机器的周期性波动进行调节。调节方法是给机器构建选择适当的质量，使其当驱动力的功超过阻力的功时能将这些多余的能量存储起来，当阻力功超过驱动力功时将存储的能量释放出来，从而达到减小机器速度波动的目的。这种具有适当质量的构件就是围绕定轴回转的飞轮。需要指出，使用飞轮不能使机械运转速度绝对不变，也不能解决非周期性速度波动问题，因为如在一个周期内，输入功一直小于总耗功，则飞轮能量将没有补充的来源，也就起不了储存和放出能量的调节作用。

14.2 实验目的

　　(1) 了解机组稳定运转时速度出现周期性速度波动的原因。

（2）了解飞轮的调速原理。

（3）了解机组运转时工作阻力的测试方法。

（4）掌握机器周期性速度波动的调节方法和设计指标。

（5）掌握飞轮设计方法。

14.3　实验设备

（1）飞轮调速实验台。

（2）计算机。

14.4　实验台工作原理

实验台采用工程应用中典型的飞轮调速小型冲床模型为实验对象,其原理如图 14-1 所示。电动机 1 通过带传动(小带轮 2、V 形带 12、大带轮 10)驱动曲轴 9 回转。曲轴 9 经连杆 6 带动滑块 5 产生往复直线运动。滑块 5 的下端压在弹簧 4

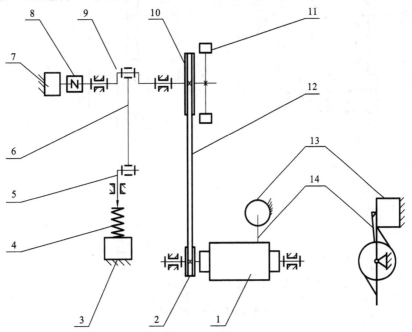

图 14-1　实验台结构示意图

1—电动机;2—小带轮;3—1 号力传感器;4—弹簧;5—滑块;6—连杆;7—编码器;

8—联轴器;9—曲轴;10—大带轮;11—飞轮;12—V 形带;13—连接杆;14—测力杆

的上端,使得弹簧 4 产生变形,进而对滑块 5 产生阻力。在曲轴 9 的一端安装飞轮 11 用来进行动力学调速。弹簧 4 的下端连接 1 号力传感器 3,实时测量弹簧受力。曲柄的回转位置通过编码器 7 测得。电动机 1 靠转子输出轴两端的两个回转副浮动地安装在机架上,定子上安装有测力杆 14。测力杆 14 压在 2 号力传感器上。通过 2 号力传感器测量数据可计算电动机定子转矩,进而得到电动机的输出功。

实验台的测试原理如图 14-2 所示。2 个力传感器以及编码器信号经计算机中的数据采集卡采集至计算机中。

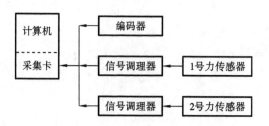

图 14-2　实验台数据采集系统示意图

主要技术参数。

① 飞轮参数:材料为 45 钢,尺寸如图 14-3 所示。

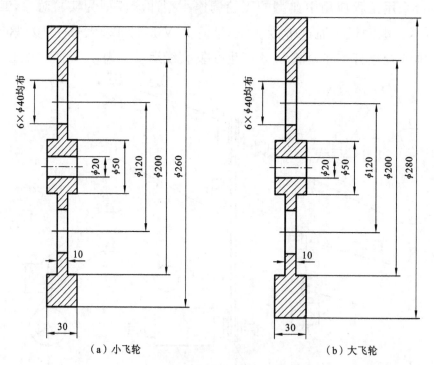

（a）小飞轮　　　　　　　　　（b）大飞轮

图 14-3　飞轮尺寸图

② 冲压力传感器:量程为 0～200 N,精度为 0.05%。

③ 电动机转矩传感器:量程为 0～50 N,精度为 0.05%。

④ 飞轮角位移传感器:输出电压为 0～5 V,脉冲数为 1000 脉冲/周。

⑤ 电动机额定功率:355 W。

⑥ 电动机转速:1500 r/min。

14.5　实验步骤

(1) 观察设备结构,检查设备连线。

(2) 打开程序"机械系统动力学调速系统",界面如图 14-4 所示。界面中有快捷菜单栏、实测曲线显示区域、仿真曲线显示区域和功能按钮区域。

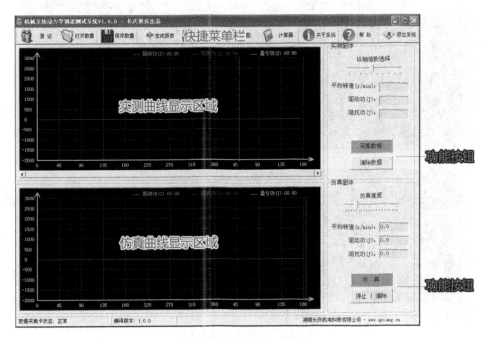

图 14-4　实验软件界面

(3) 在实验台操作面板(见图 14-5)上将电动机调速旋钮逆时针旋转至底,以保证实验台电源打开后电动机不会立即转动。

(4) 打开实验台电源开关,将电动机调速旋钮缓缓地顺时针转动,至实验台工作。

(5) 在软件中单击按钮"开始采集",软件界面中显示盈功、亏功以及驱动功随时间变化的曲线,如图 14-6 所示。

(6) 将数据保存。

(7) 更换另一个飞轮,重复以上(3)~(6)步。

(8) 拆下飞轮,重复以上(3)~(6)步。

(9) 通过数据比较安装不同飞轮对试验台运行的影响。

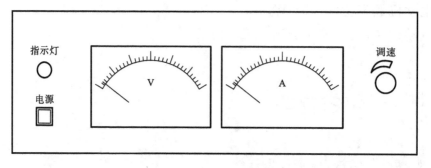

图 14-5　实验台操作面板

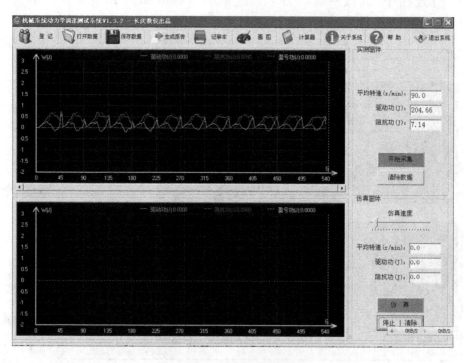

图 14-6　实验数据采集界面

14.6　项目研究提示

根据实验台结构参数和负载特性设计飞轮。

附 录

实 验 报 告

实验报告 1 受翻转力矩作用的螺栓组连接实验报告

专业＿＿＿＿＿＿＿ 班级＿＿＿＿＿ 姓名＿＿＿＿＿实验时间＿＿＿＿＿

一、实验目的

二、实验设备

三、已知条件

(1) 螺栓粘贴应变片处直径 $d = 12$ mm，材料 45 钢。

(2) 结合面尺寸：$b = 200$ mm，$h = 300$ mm。

(3) $r_1 = 125$ mm，$r_2 = 75$ mm，$r_3 = 25$ mm。

(4) 立式螺栓组连接实验台。

托架力臂：$L = 350$ mm。

杠杆比：$i = 100$。

砝码重量：$G = 150$ N。

杠杆系统折算的砝码重量：$G_0 = 25$ N。

(5) 卧式螺栓组连接实验台。

托架力臂：$L = 350$ mm。

四、预习作业

通过计算完成附表 1-1。

附表 1-1　螺栓受力及应变的理论计算

计算项目	螺栓位置					
	1(7)	2(8)	3(9)	4(10)	5(11)	6(12)
F'/N						
F_i/N						
F_{0i}/N						
$\varepsilon'(\mu\varepsilon)$						
$\varepsilon_{0i}(\mu\varepsilon)$						
$\Delta\varepsilon_i(\mu\varepsilon)$						

五、实验测得的螺栓应变值

将测得的螺栓应变值填入附表 1-2 中。

附表 1-2　螺栓应变的实测结果

应　变	螺栓位置											
	1	2	3	4	5	6	7	8	9	10	11	12
$\varepsilon'(\mu\varepsilon)$												
$\varepsilon_{0i}(\mu\varepsilon)$												
$\Delta\varepsilon_i(\mu\varepsilon)$												

　　六、作出螺栓受载后应变差的理论分布图和实测分布图,并确定翻转轴线的位置。

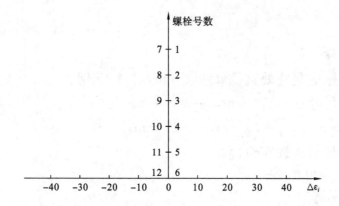

翻转轴线位置:

七、理论计算和实测结果误差产生的原因有哪些?

实验报告 2　机械系统分析及创新设计实验报告

专业＿＿＿＿＿＿＿＿　班级＿＿＿＿＿＿姓名＿＿＿＿＿＿实验时间＿＿＿＿＿

一、实验目的

二、实验设备

三、实验要求
1. 绘出该设备的传动简图。

2. 观察分析评价设备的总体设计方案，你认为各传动环节设置是否合理？如不合理，应怎样改进？请提出你认为更好的方案。

四、思考题

1. 观察设备采用了哪些传动方式？所采用的传动方式是否有必要？各类传动方式分别由哪些主要零部件组成？在总体设计中怎样考虑它们的传动特性来合理安排布置？

2. 怎样保持运动部件的润滑与密封？

3. 通过设备的电路图，了解电控系统的工作原理。设备中采用了哪些主要的电气元件？

4. 通过设备的气压控制图，观察设备的气动系统是如何控制运动的。设备中采用了哪些主要的气动元件？

实验报告 3　　液体动力润滑径向滑动轴承油膜压力测定实验报告

专业＿＿＿＿＿＿＿　班级＿＿＿＿＿姓名＿＿＿＿＿实验时间＿＿＿＿＿

一、实验目的

二、实验台主要参数

实验台型号：HS-A。

轴瓦内径：$d=70$ mm。

轴瓦有效长度：$L=125$ mm。

轴承半径间隙：0.02 mm。

轴瓦加载范围：0～1000 N。

测力杆上的测力点与轴承中心距离：$L=120$ mm。

百分表量程：0～10 mm。

压力表量程：0～0.6 MPa。

测力计标定值：$K=0.098$ N/格。

润滑油的牌号：N68（旧牌号为 40 号机油）。

润滑油在 20 ℃时的动力黏度：0.34 Pa·s。

电动机功率：335 W。

电动机调速范围：3～500 r/min。

三、预习作业

1. 本实验中外载荷加在哪个零件上？测周向压力分布时有几个测点？测轴向压力分布时有几个测点？

2. 为防止轴瓦在无油膜运转时被烧坏应注意什么问题?

四、实验结果

1. 油膜周向压力和轴向压力的实测值。

将油膜周向压力和轴向压力的实侧值填在附表 3-1 中。

附表 3-1 油膜周向压力和轴向压力的实测值

载荷 F /N	轴转速 n /(r/min)	压力表读数/MPa							
		1	2	3	4	5	6	7	8
400	200								
400	300								
600	300								

压力表 1~7 的位置自左至右排列在轴瓦前端;压力表 8 为测量轴向压力分布用,位于轴瓦后端。

2. 在坐标纸上,按附表 3-1 中的条件和数据,绘出油膜周向压力分布图。分析影响油膜压力分布的因素,当转速增大或载荷增大时,油压分布图的变化如何?用坐标纸计数方格的方法求出第一种条件下的平均单位压力 p_m。

3. 在坐标纸上,绘出第一种条件下的油膜压力轴向分布图。

4．根据式(4-4)计算轴承端泄对轴向压力的影响系数 K 值。

实验报告 4　机械系统创意组合搭接综合实验报告

专业＿＿＿＿＿＿＿＿ 班级＿＿＿＿＿＿ 姓名＿＿＿＿＿＿ 实验时间＿＿＿＿＿＿

一、实验目的

二、实验设备

三、预习思考题

1. 为什么不使用电动机轴直接带动运动件？试分析带传动、链传动、齿轮传动的特点、适用场合，比较一下它们各有何优、缺点。

2. 带传动张紧力的大小对带传动有何影响？齿侧间隙对齿轮传动有何影响？

3. 进入实验室前的安全准备工作有哪些？

四、实验记录

将所记录的带传动载荷转速数据填入附表 4-1 中。

附表 4-1 电动机电流与制动器力矩

	序号	电流/A	弹簧秤读数	扭矩/(N·m)	转速/(r/s)
负载	1				
	2				
	3				
空载					

五、分析思考题

1. 分析空载、不同负载下电动机电流与执行件输出转矩的关系,说明原因。

2. 轴承的安装需要注意哪些问题？会对零件和传动有何影响？

3. 详细分析安装环节对齿轮传动的影响。

▓实验报告 5　机械传动及其系统认知实验报告▓

专业＿＿＿＿＿＿＿　班级＿＿＿＿＿　姓名＿＿＿＿＿＿实验时间＿＿＿＿＿＿

一、实验目的

二、实验内容及要点

三、实验设备及工具

（1）机光电气液压一体化全自动装配生产线模型（也称 Me093399 型机光电气液压一体化柔性实训系统）。

（2）秒表。

（3）钢尺、游标卡尺。

四、预习及实验思考题

1. 简述机械和机器的定义及其构成。

2. 简述机械零件的定义和分类。其中传动零件及其系统的地位和作用如何？

3．与其他机械传动相比，带传动的主要特点有哪些？

4．与其他机械传动相比，齿轮传动的主要特点有哪些？其中齿轮齿条、直齿圆柱齿轮、斜齿圆柱齿轮、圆锥齿轮之间又有哪些主要差异？

5．与其他机械传动相比，蜗杆传动的主要特点有哪些？

6．与其他机械传动相比，链传动的主要特点有哪些？

五、实验记录

1．机光电气液压一体化全自动装配生产线模型主要的工序及过程。

2. 将机光电气液压一体化全自动装配生产线模型的各模块中采用的机械传动的种类和数量,统计于附表 5-1 中。

附表 5-1　采用的机械传动的种类和数量统计

所属单元	传动种类						蜗杆传动	链传动	螺旋传动
	带传动			齿轮传动					
	平带	V带	齿形带	圆柱齿轮	圆锥齿轮	齿轮齿条			

3. 任选系统中的带传动、齿轮传动、蜗杆传动、链传动装置各一个,针对它们在生产过程中的作用,分析、评价该传动装置的性能特点、适用场合是否得到合理发挥。

实验报告 6　恩氏黏度计测定润滑油黏度实验报告

专业＿＿＿＿＿＿　班级＿＿＿＿＿姓名＿＿＿＿＿实验时间＿＿＿＿＿

一、实验目的

二、实验内容及原理

三、实验仪器及材料

（1）WNE-1B 型恩氏黏度计。

（2）试油：600 mL 的被测润滑油。

（3）必要的清洗剂，擦洗用纸、软布等。

四、预习及实验思考题

1. 液体黏度的表示方法主要有哪些？

2. 运动黏度是如何定义的？其常用的单位及换算关系如何？

3. 润滑油的黏度主要有何特性？

4. 恩氏黏度是如何定义的？怎样测定？怎样将其换算为运动黏度？

五、实验数据

1. 200 mL 蒸馏水在 20 ℃温度下流出黏度计的时间出厂标定值为:51±1 s。

2. 不同温度下 200 mL 被测润滑油流出的时间（单位:s）及计算的黏度值记录于附表 6-1 中。

附表 6-1 实验数据

温度 $T/℃$	左计时	右计时	平均时间	°E	ν/cSt
20					
40					
50					
60					
80					
95					

六、在坐标纸上画出黏温曲线,粘贴在实验报告上。

七、实验结论。

实验报告7　机构运动参数测试实验报告

专业＿＿＿＿＿＿　班级＿＿＿＿＿＿姓名＿＿＿＿＿＿实验时间＿＿＿＿＿＿

一、实验目的

二、实验设备

三、绘图

1. 绘制实验机构运动简图(包括各构件长度等参数)。

2. 绘制理论运动线图与实测运动线图,比较差异,分析原因。

四、思考题

1. 曲柄滑块机构与导杆机构的性能有何差别？

2. 分析不同凸轮参数(如偏心、接触副形式)对从动件运动规律的影响。

▓实验报告 8   机构组合创新设计实验报告▓

专业＿＿＿＿＿＿   班级＿＿＿＿＿姓名＿＿＿＿＿实验时间＿＿＿＿＿

一、设计本机构的目的或可实现的运动要求

二、给出的几种运动方案及运动方案的比较

三、绘图

绘出实验所实现机构的运动简图,并分析其运动特性(包括急回特性,压力角、最大摆角,滑块冲程等)。

四、思考题

1. 要想改变曲柄摇杆机构摇杆的左、右极限位置及最大摆角的大小,可调整哪个杆的长度?

2. 要使所设计的机构的压力角在某一范围内,可采取什么措施?

3. 简述你在设计中遇到的问题并分析原因。

实验报告 9　滚动轴承承载状态测试分析实验报告

专业＿＿＿＿＿＿＿ 班级＿＿＿＿＿姓名＿＿＿＿＿实验时间＿＿＿＿＿

一、实验目的

二、实验台主要参数

三、实验内容及要点

四、思考题

1. 圆锥滚子轴承受径向载荷后,为什么可测出它所受的轴向载荷?

2. 一对圆锥滚子轴承支承的轴系受外部轴向载荷后,两轴承承受的径向载荷将怎样变化?

3. 一对深沟球轴承支承的轴系,如何承受外部轴向载荷?

五、实验结果与分析

▇实验报告 10   单质量盘转子扭转振动实验报告▇

专业＿＿＿＿＿＿ 班级＿＿＿＿ 姓名＿＿＿＿实验时间＿＿＿＿

一、实验目的

二、实验设备

三、实验原理

四、已知条件

电动机最大扭矩:0.612 N·m,电动机轴与输出轴传动比:3:1。

输出轴直径 $d=9.5$ mm;长度 97 mm。材料:45 钢。

惯性圆盘直径:114.3 mm;材料:铝。

惯性圆盘质量:168 g。

惯性圆盘上的圆柱直径:25.4 mm。材料:铜。

惯性圆盘上的圆柱质量:112 g。

惯性圆盘中心到圆柱中心距离:44.4 mm。

弹性扭转轴的尺寸:直径 2.25 mm;长度 170 mm。材料:45 钢。

五、实验结果和分析

1. 绘出转轴扭转角度位置信号图。

2. 确定扭振的共振频率。

实验报告 11　多功能柔性转子临界转速测量实验报告

专业＿＿＿＿＿＿＿＿　班级＿＿＿＿＿＿　姓名＿＿＿＿＿＿　实验时间＿＿＿＿＿＿

一、实验目的

二、实验设备

三、实验原理

四、已知条件

电动机功率：300 W。

电动机最高转速：10000 r/min。

转轴：直径 $d=10$ mm。材料：45 钢。

转盘：直径 $D=78$ mm；厚度 15 mm。材料：45 钢。

轴承跨度：435 mm，转盘居中。

五、实验结果和分析

1. 绘出转速-幅值曲线并标出临界转速。

2. 绘制轴心在临界转速之前的 X-Y 图。

3. 绘制轴心在临界转速之后的 X-Y 图。

4. 绘出频谱幅值最大时刻的频谱图,并标出转速与幅值。

████实验报告 12　工业生产线 PLC 控制综合实验报告████

专业＿＿＿＿＿＿＿＿　班级＿＿＿＿＿＿姓名＿＿＿＿＿＿实验时间＿＿＿＿＿＿

一、实验目的

二、实验设备与工具

三、实验结果
1. 列出分站的电气元件的名称、型号，并说明其作用。

2. 绘制电气原理图。

3. 编制 PLC 程序。

四、分析思考题

1. 通过实验分析实验台控制系统不足之处,并提出可行的方案。

2. 通过实验分析实验台动作,进行优化并写出实现方法。

实验报告 13   机器运转速度周期性波动调节实验报告

专业＿＿＿＿＿＿＿ 班级＿＿＿＿＿姓名＿＿＿＿＿实验时间＿＿＿＿＿

一、实验目的

二、实验设备与工具

三、实验结果

1. 安装不同飞轮情况下实验台盈亏功曲线。

2. 通过实验,分析安装不同飞轮对实验台速度波动的影响。

四、分析思考题

通过分析,说明实验台安装的飞轮设计是否合理。

参 考 文 献

[1] 葛培琪,毕文波,朱振杰,等. 基于机械综合实验的团队教学改革与实践[J]. 实验室研究与探索,2014,33(12):205-208.

[2] 朱振杰,毕文波. 机械原理及机械设计实验指导[M]. 武汉:华中科技大学出版社,2012.

[3] FELDER R M, BRENT R. Effective strategies for cooperative learning[J]. Journal of Cooperation and Collaboration in College Teaching, 2001, 10(2): 69-75.

[4] 黄珊秋,葛培琪,路长厚,等. "机械设计"实践教学环节的改革与探索[J]. 高等理科教育,2007(3):131-133.

[5] 申强,苏英华,郭兴启. 关于大学生 SRT 计划的探讨[J]. 教育教学论坛,2013(4):157-159.

[6] 殷玥琪,杨立刚,马婷婷,等. 大学生科研训练计划的实践与体会[J]. 中国电力教育,2014(15):138-139.

[7] 魏志渊,毛一平. 研究型大学本科生科研训练计划的探讨[J]. 高等理科教育,2004(2):75-77.

[8] 张欣欣,蔡莽劝,罗建勇,等. 学生工程及科研创新能力培养的实践[J]. 实验室研究与探索,2014,33(3):194-197.